LAIZI
ZHONGGUOHAIZIDE
1001 WEN

来自中国孩子的
1001问
生命人文

总 主 编◎余俊雄

分 册 主 编◎孙云晓

分册副主编◎朱 松

编 著◎洪 明 贾云鹰 聂 晶 孙云晓 王丽霞

王 玥 肖广兰 姚泪醽 赵 霞 朱 松

U0278215

中国少年儿童新闻出版总社
中国少年儿童出版社
北 京

图书在版编目（CIP）数据

生命人文 / 孙云晓主编；洪明等编著. —北京：中国少年儿童出版社，2015.1（2019.7 重印）
（来自中国孩子的 1001 问 / 余俊雄总主编）
ISBN 978-7-5148-2099-7

Ⅰ.①生… Ⅱ.①孙… ②洪… Ⅲ.①生命科学 – 少儿读物 Ⅳ.①Q1-0

中国版本图书馆 CIP 数据核字（2014）第 296762 号

SHENGMING RENWEN
（来自中国孩子的 1001 问）

出版发行：中国少年儿童新闻出版总社
　　　　　　中国少年儿童出版社

出 版 人：孙　柱
执行出版人：郝向宏

内文插图：金色百闯	封面设计：缪　惟
责任编辑：赵　勇	刘加强
责任校对：赵聪兰	责任印务：厉　静

社　　址：北京市朝阳区建国门外大街丙 12 号　　　邮政编码：100022
总编室：010-57526070　　　传　真：010-57526075
发行部：010-57526568
网　　址：www.ccppg.com.cn
电子邮箱：zbs@ccppg.com.cn

印刷：北京缤索印刷有限公司

开本：720mm×1010mm　　1/16　　　　　　　印张：8
2015 年 1 月第 1 版　　　　　2019 年 7 月北京第 3 次印刷
字数：100 千字　　　　　　　　　印数：13001 – 16000 册

ISBN 978-7-5148-2099-7　　　　　　　定价：20.00 元

图书若有印装问题，请随时向印务部退换。（010-57526718）

编者的话

　　《来自中国孩子的1001问》是专门解答孩子提出的稀奇古怪问题的科普图书。书中问题是从网上和其他渠道向全国少年儿童征集，从几万个问题中筛选出来的。所有问题通过专家筛选后，分门别类，请相关的科学家、科普作家作答，既有针对性，又有权威性。

　　孩子们提出的问题，往往是灵光一闪，思路并不清晰，但却包含着探究的热情和创造力的种子。所以，本书的第一宗旨，不在于解答多少个"为什么"，而是鼓励孩子发现问题、提出问题，启发他们提出好问题。为此，我们把提出问题的孩子的姓名和学校列出，算是对孩子的一种褒奖。专家还给每一个问题划分了星级，五颗星就代表这个问题问得有水平，也最有代表性。四颗星、三颗星依此类推。

　　除此之外，为了引导孩子打开眼界，举一反三，文章末尾还设有小小观测窗、开心词典等小链接。这种新颖的、富有时代特色的互动形式，也是为了激发孩子的兴趣，拓宽他们的思路。

　　希望孩子们能喜欢上这套书。

目录

目录

目录

目录

目录

人类的远祖为什么要从海洋迁移到陆地？

西安市何家村小学任哲同学问：

　　人类的远祖是从海洋里进化的，我最想知道它们为什么要从海洋进化到陆地？

问题关注指数：★★★★

　　很久很久以前，有一条模样怪怪的鱼，靠着粗大的鳍爬上海滩，在潮湿的岸边安了家。它的后代长出了脚，开始在陆地上行走。这是生命史上最重大的事件之一，因为那条鱼正是两栖动物的祖先，也可以说是爬行动物、哺乳动物（包括人类）的祖先。

　　这条鱼为什么要离开海洋，去陌生的陆地上生活呢？原来，在大约4亿年前的泥盆纪，因为地壳运动，很多原本是深海的地方慢慢变成了浅海，浅海呢就变成了一个个小水洼甚至陆地。为了活下去，一些鱼不得不爬出这些小水洼，去寻找深水区。它们当中有的灭绝了，有的学会了在滩涂上生活，经过很多代的进化以后，鳍变成了四肢，既能在陆地上行走，又能在水里生活，这就是两栖动物的起源。再后来，爬行动物、鸟类、哺乳动物纷纷出现了，我们人类就是哺乳动物中的灵长类的一员。

　　以上情景是科学家根据现有的证据做出的描述。目前找到的棘螈和鱼石螈化石，为这种想象提供了一些证明。为了更准确地描绘出生命发展的历程，科学家们仍然在努力。

开心小辞典

镇海棘螈

　　镇海棘螈是棘螈的一种，生活在浙江宁波九峰山风景区，是名副其实的活化石。它们白天很少活动，晚上出来找食物。它们出生在水中，在水中生活两三个月以后，等到脚趾发育好了，鳍鳃蜕变了，皮肤变粗了就爬上岸来，从此就在岸上生活了。

1

孩子为什么长得像父母？

广州市越秀区惠福西路小学王又见同学问：

孩子为什么长得像父母？为什么大多数的男孩子样子像妈妈，而女孩子像爸爸？

问题关注指数：★★★★★

大部分孩子的长相都像父母，具体地说，是有的地方像妈妈，有的地方像爸爸。这是因为，孩子是爸爸妈妈共同孕育的，胎儿在妈妈肚子里的时候，身上就存在一种叫作基因的神奇物质，它带有爸爸妈妈的遗传"密码"。按照这个"密码"，胎儿从一个受精卵，长成可爱的小宝宝，再长成少女少年。正因为遗传"密码"把爸爸妈妈的体貌特征遗传给了我们，于是我们就在不知不觉中，长得很像爸爸妈妈。

可是爸爸妈妈的相貌是不一样的，比如爸爸的鼻子可能是挺直的，妈妈的鼻子可能是翘的；妈妈的眼睛可能大大的，爸爸的眼睛可能是细长的。这时候，孩子的鼻子、眼睛应该像谁呢？这就要由携带这些"密码"的基因来"较量"一番，比较强的那个基因的"密码"会得到执行。比如，携带双眼皮"密码"的基因往往是比较强的，所以无论爸妈谁是双眼皮，孩子通常都会是双眼皮。

有些基因，还会互相"妥协"，共同"发号施令"。比如爸爸皮肤很黑，妈妈皮肤很白，宝宝的皮肤就很可能不太黑不太白。也就是说，爸爸那边的遗传基因和妈妈那边的遗传基因都在起作用。

有人说，男孩长得像妈妈，女孩长得像爸爸。这种说法是不科学的。孩子的长相究竟更像谁，是父母双方的基因"较量"的结果。

基因携带的"密码"会出错吗？

基因携带的"密码"，是从爸爸妈妈那里复制来的。复制的过程中，有很小的概率会出点差错，没能分毫不差地把爸爸妈妈的遗传信息复制过来。这样宝宝长大后就和爸爸妈妈不大一样。这个和爸爸妈妈不一样的"密码"如果传给了下一代，就称为"变异"。

为什么有的妈妈生男孩，有的生女孩？

哈尔滨市松北镇前进小学王翰同学问：

为什么有的妈妈生男孩，有的生女孩？

问题关注指数：★★★

我们已经知道，基因的本事很大，那么它藏在我们身体的哪一部分呢？答案是：在细胞里的染色体上。

染色体是人体细胞里的一种特殊物质，每个细胞里有23对，携带各种遗传"密码"的基因就聚集在染色体上。其中有22对染色体，男人和女人都一样，和性别没有关系。男人和女人最大的不同，就在第23对染色体上。男人的第23对染色体是由一条X染色体和一条Y染色体构成的，而女人的第23对染色体是两条X染色体。X染色体上有携带着女性性别"密码"的基因，而Y染色体上则有携带着男性性别"密码"的基因。所以，女人是没有Y染色体的。

宝宝是由爸爸的精子和妈妈的卵子，在妈妈肚子里结合、长到10个月大以后生出来的。因为妈妈没有Y染色体，所以卵子只有一种，携带一条X染色体；爸爸的精子却有两种，一种是携带X染色体的X精子，另一种是携带Y染色体的Y精子。如果是X精子和卵子结合，那么宝宝就有两条X染色体，就发育为女宝宝；如果是Y精子和卵子结合，宝宝就有了一条X染色体和一条Y染色体，就发育为男宝宝。所以，生男生女并不是由妈妈或者爸爸决定的，而是取决于和卵子结合的是哪一种精子。但无论是男孩还是女孩，他们都是爸爸妈妈爱情的结晶。

宝宝生出来以后，性别还能改变吗？

宝宝的性别在精子和卵子结合的那一刻就确定了，以后就不能再改变了。因为第23对染色体决定着人的性别，所以被叫作性染色体；其他22对染色体叫作常染色体。

为什么世界上只有男人和女人？有没有半男不女的人？

西安市何家村小学曹志阳同学问：

为什么世界上只有男人和女人两种人？有没有半男不女的人？

问题关注指数：★★★★

孩子们常常会好奇，为什么世界上只有男人和女人两种人，动物也常常只有公的和母的两种。有没有半男不女的人呢？答案是：一般来说，只有男人和女人两种性别的人，没有半男不女的人。

我们已经知道，宝宝的性别是父母的细胞染色体决定的。在一般情况下，当一个X精子或者Y精子进入一个卵细胞后，这个卵子就会分泌一些物质，使得其他的精子不能再和它结合。于是得到X染色体的宝宝就是女孩，得到Y染色体的宝宝就是男孩。

在非常特殊的情况下，会出现一个X精子和一个Y精子同时进入一个卵细胞的情形，结果宝宝得到的染色体是XXY；或者两个X精子同时进入一个卵细胞，宝宝的染色体就成了XXX。这样，多出来的一条染色体会干扰宝宝的正常发育，使他们特别容易生病，甚至有的等不到出生就流产了。因为这种染色体异常的孩子非常非常少，所以在我们身边，你只能看到男人和女人两种性别的人。

精子和卵细胞是什么？

它们是成年人体内的一种生殖细胞。具体来说精子是成年男性睾丸中产生的一种生殖细胞，精子又分X精子和Y精子两种；卵细胞是成年女性卵巢中产生的一种生殖细胞。

为什么男人和女人不同？
男人和女人谁更聪明？

西安市何家村小学曹志阳同学问：

为什么男人和女人的身体器官不大一样，女人可以生小孩，给孩子喂奶，男人却不可以？男人和女人谁更聪明？

问题关注指数：★★★★★

我们已经知道，人的性别是由性染色体决定的。女人的性染色体有两条X染色体，是XX，男人的性染色体有一条X染色体、一条Y染色体，是XY。在人的成长发育过程中，体内的性染色体引导着男孩和女孩向不同的方向发育：女孩在10岁前后开始蹿个儿，乳房变得丰满，皮下脂肪增多，臀部变得浑圆；男孩在12岁前后开始蹿个儿，外生殖器发育变大，开始长出胡子。等到成年以后，男人和女人就大不相同了。比如男人会长有胡须，肩膀比较宽，女人乳房和臀部比较大，男人一般比女人更高大更强壮，女人比男人更细心更温柔。

为什么女人可以喂小孩，男的不行呢？这是因为女人有能够孕育宝宝的子宫和哺乳宝宝的乳房，女人怀孕后，胎儿在子宫里长大；婴儿出生后，乳房可以生成奶水给婴儿喝。

男人和女人尽管在身体构造上有许多不同的地方，但在智力程度上却很难分出高低，只是在某些特殊领域各有特长。例如，男人在空间能力上有优势，女人在语言能力上有优势，因此男人和女人从事的职业也会有一定的差异。

自己观察一下：男人和女人还有哪些不同？

人的五官为什么会长成现在这样？

黑龙江省哈尔滨市道外区公园小学张金宝同学问：

人类的五官到底有什么作用？五官为什么会长成现在这样？为什么人类要长两只眼睛、两个耳朵、一个鼻子和一个嘴巴呢？

问题关注指数：★★★★

我们通常说的"五官"，眼睛、嘴巴、鼻子、耳朵占了四个，那么第五个呢？有人说是舌头，有人说是眉毛。不管按照哪一种说法，我们的五官都是不可缺少的重要器官。

眉毛是眼睛上边的第一道防线，可以阻挡空中落下的灰尘和额头流下的汗水；耳朵除了我们通常知道的听声音的作用以外，还能够帮助我们保持平衡和感受自己的身体位置；眼睛的功能就是看；嘴巴则包括了嘴唇、舌头、牙齿等，功能丰富，包括说话、吃饭、品味道；鼻子是呼吸用的，同时还能闻气味。

五官的位置都是固定的，比如眉毛长在眼睛上方，眼睛长在头部正前方……这样一个布局，是经过漫长的进化，在适应环境努力生存的过程中形成的。比如外耳支棱在头的两侧，是为了方便接收来自各个方向的声波；眼睛在头部正前方，可以形成双眼视觉，能准确地判断外界物体的形状、方位、距离。

五官的外形和内部结构，也是在长期进化过程中变成这样的。比如鼻子有两个鼻孔，鼻腔里有黏膜和鼻毛，这些都是为了呼吸和阻挡灰尘进入鼻腔；嘴巴里有牙齿、舌头，是为了吃饭、发音等。

开心小辞典

河马的眼睛、耳朵、鼻孔几乎长在一个平面上。虽说看起来有点丑，可是很实用。因为它最喜欢泡在水里，五官长成这样，抬头的时候可以让眼睛、耳朵、鼻孔一起露出水面。

为什么地球上有不同肤色的人？

山东省邹平县第一实验小学李鑫铭同学问：

在一些城市或电视上，总能看见与我们不同肤色的外国人，为什么他们的肤色和我们的不同呢？世界上有没有蓝皮肤的人？

问题关注指数：★★★★

根据肤色和其他身体特征，学者们把人类划分为三大人种：欧罗巴人种（也称高加索人种、白色人种）、蒙古人种（也称黄色人种）和尼格罗人种（也称黑色人种）。欧罗巴人种肤色较白，颧骨较高，胡子和体毛发达，眼睛有多种颜色；蒙古人种肤色发黄，头发黑而直，眼睛是黑色的；尼格罗人种肤色黑，眼睛也黑，头发通常短而卷曲。

还有一个澳大利亚人种，也叫棕色人种，因为和尼格罗人种区别不是很大，所以现在的学者通常把它划在尼格罗人种里面。美洲的印第安人曾经被划分为"红种人"，但是后来学者发现他们其实是蒙古人种的一个分支，"红种人"这个说法就消失了。

人的皮肤颜色主要取决于三种因素：皮肤的厚度、血液的供应量，还有皮肤里面的黑色素。其中黑色素最重要。它是皮肤里面的一种黑色或棕色的小颗粒，能够阻挡阳光中的紫外线对皮肤细胞的伤害。阳光强的时候，黑色素的分泌就会增多，所以晒太阳会把皮肤晒黑。阳光越少的地方，人们黑色素的产生就越少，皮肤颜色显得越浅。所以，世代居住在高纬度地区的种族，肤色会白一些。

白人一定很白，黑人一定很黑吗？不是的。印度人和阿拉伯人都算是白种人，可是他们的肤色有的就很黑。这一是因为他们和肤色较黑的种族通婚混过血，二是因为他们世代居住在紫外线比较强烈的地方。

知识接龙

人们也发现过其他肤色的人，比如蓝皮肤的人，但数量很少。有人推测他们与众不同的肤色是由生活环境造成的，也有的是因为某种疾病。

为什么人的个子高矮不同？

西安市何家村小学胡娟同学问：

人的个子为什么高矮不同？甚至会相差很大，比如侏儒和姚明的差距，为什么？

问题关注指数：★ ★ ★ ★

研究发现，人的个子的高矮是由很多因素决定的。第一个因素是遗传。爸爸妈妈的身高会影响孩子的身高，一般来说父母都高的话孩子往往也高。第二个因素是性成熟的年龄。性成熟以后人的生长激素分泌会减少，身高的增长就会慢下来了。早熟的孩子有的十七八岁就不再长高了，晚熟的孩子二十多岁还能长。第三个因素是营养、体育锻炼等。小时候经常参加体育锻炼，丰富和全面的营养，都有助于长高。如果想长得更高，一定要经常参加体育锻炼，吃饭时不挑食，多喝牛奶，保证有充足的营养。

身高的增长还有男女的差异。男孩发育往往比女孩要晚一些。因此幼儿园、小学及初中校园里，女孩往往比男孩高；但进入高中、大学以后，男孩的身高会突飞猛进，女孩子则基本不再长高了。

受遗传及自然环境的影响，人长到一定的高度就会停止长高。如果人太高了，心脏等器官就要承受很重的工作，身体的灵活度和协调性就会降低，这样人就难以生存下来。总之，人个子的高矮是由多种因素共同决定的。

探索飞船

能帮助孩子长高的食品有：鱼肉、蛋类、牛奶，以及含锌丰富的食物如瘦肉、动物肝脏、豆类等。这些食品中含有人体长高所需的优质蛋白、铁、维生素A和核黄素等营养物质。

为什么不伤心的时候也可能流眼泪？

姚家港小学潘梦欣同学问：

为什么人会流泪？而且有伤心时流泪的，不伤心时流泪的？为什么打哈欠会流泪？我想知道人为什么有时候会笑出眼泪？人的眼泪为什么是咸的？

问题关注指数：★★★★

大家都流过泪，通常是伤心时流泪。可是，有时明明不伤心，也会流下泪来。你是不是也有笑得迸出眼泪、困得挤出眼泪的经历？

眼泪是由眼球外上方的泪腺分泌出来的。眼泪时刻都在分泌，只是平时分泌的量不多，只能在眼球表面形成一层薄薄的水膜。当眨眼时，眼球表面的泪水会不断流进鼻腔，所以你不会感觉到自己在流泪。当哭泣时，眼睛周边的微血管会充血，眼睛周边肌肉收缩，泪腺也跟着收缩，分泌出的大量液体就是眼泪。

泪，不一定非得伤心时才流。流泪的原因可分成两大类：第一类是因情感波动而流泪。伤心时流泪，喜悦时同样会"喜极而泣"。心理学家认为流泪会让人释放情感压力，恢复身心平衡状态。第二类因反射性流泪，如打哈欠流泪。打哈欠时嘴巴张得很大，面部肌肉收缩，鼻腔压力随即增大，眼泪不能从眼睛里流向鼻腔，只好积聚在眼眶里，足够多时就夺眶而出。大笑时笑出眼泪也是同样的道理。

眼泪有什么成分？

泪液中99%是水分，1%是蛋白质、酶和无机盐。这就证明了眼泪是咸的。如果你仔细感受一下，喜悦的眼泪偏淡，而伤心的眼泪偏咸。

为什么人老了胡子、头发都会变白？

哈尔滨市花园小学王璐璇同学问：

为什么人老了胡子、头发会变白？

问题关注指数：★★★★

人老了，头发和胡子的颜色会由黑变白。毛发里有一种关键物质左右着这个过程的发生，它就是黑色素。制造黑色素的"工厂"就在毛发的毛囊中。每一根毛发都有这样一个"工厂"。黑色素"工厂"制造黑色素需要原料，需要养分，更需要能量。这些养分是什么呢？首先是蛋白质，特别是酪氨酸和胱氨酸，然后是铁和各种微量元素，如铜和锌。人到老年后，运送到毛发的原料、养分供应不足，加工黑色素所需的动能也不能完全满足要求，生产的黑色素必然产量不够，毛发就变白了。

另外，有的科学家发现，还有一种物质在破坏黑色素的形成，它就是过氧化氢。它由每根头发的细胞产生，虽然每天的分泌量极少，但是很难被人体排出，日积月累，高浓度的过氧化氢就会阻碍黑色素的正常形成。

你看，本来人老了产生黑色素的数量就少了，质量就差了，还来了个破坏者。所以人老了，头发就会局部变白，黑发越来越少；接着，胡子也逐渐变白；最后整个头顶、全部胡子都会变成白的。

什么是黑色素？

黑色素是由一种特殊的细胞——黑色素细胞制造的，成品是一种黑褐色的蛋白质，它最大的优点就是保护头发、皮肤不受紫外线的伤害。

人为什么每天都得喝水，不喝水就会死吗？

西安市何家村小学解思璇同学问：

人类为什么不能离开水？为什么人不喝水就会死呢？

问题关注指数：★ ★ ★ ★

有人说人是水做的，你相信吗？小宝宝在妈妈的肚子里孕育成长的时候，就泡在妈妈子宫的羊水中，一刻也离不开。当你出生、来到这个世界以后，不再泡在羊水中了，可是水还是在你的身体里无处不在。水占到了我们体重的差不多65%。血液里含有水，如果没有血液在身体里周而复始地循环，吸入的氧气不可能到达全身的各个细胞，呼出的二氧化碳也不可能排到体外。细胞里含有水，细胞里充满了液体。这些液体赋予细胞营养，让细胞变得很饱满。同样，身体的每一个器官都含有丰富的水，就连硬硬的骨头里也含有水。如果没有水，人就失去了生命的源泉。

喝水，是每天必做的一件事情。人不吃饭只喝水，最多可以坚持十几天，但不喝水坚持一周就是奇迹。身体每天都在发出信号——口干舌燥、轻微的头晕、注意力不集中等。这些信号告诉你：缺水啦，赶快补充水吧！尤其是上体育课以后，一定要注意补水，因为运动出汗会带走水分。

人体缺水会怎样？

人体缺水的话，身体的毒素不能及时排出体外，身体里各种平衡被打乱，血液循环系统、体温调节系统都会出现问题。当身体处于极度缺水状态时可能生命不保。

人在针灸完拔针时为什么针灸的部位不会出血呢？

山东省泗水县实验小学郑东方同学问：

针灸的针，从人体拔出时为什么针灸部位不会出血呢？

问题关注指数：★★★

在医院里打针或抽血的时候，医生在拔出针头以后总会给一块药棉，嘱咐病人按压针眼几分钟，防止出血。可是针灸的时候却不是这样，拔针的时候不用按压也不出血。这是为什么呢？

首先，针灸的针不是随便扎的，针刺的地方要根据身体的症状严格选择，绝大多数是在人体的穴位处，这些穴位通常是神经末梢密集而血管分布稀疏的地方。

其次呢，针灸的针较细，实心、圆形，上下一样粗，扎进皮肤时对皮肤的伤害很小。那些微细的伤口你几乎感觉不到，也几乎看不到出血点。

另外，针灸有斜刺、正刺等多种手法，针刺到皮肤里以后还有捻、提等技巧，那些被针伤到的毛细血管会在这个过程中修复伤口。而且病人会有"酸、麻、胀、痛"的针感，同时皮肤反射性地绷紧，针眼就不容易出血。

医生打针的时候，使用的针头较粗，中间有孔，头是扇面，对人体组织破坏大。下针的部位通常是肌肉和皮下组织，这里微细血管较多，容易出血，所以护士拔针的时候会要求你按压一会儿止血。

什么是穴位？

中医认为穴位是人体脏腑经络气血出入的特殊部位，一般分布在神经末梢密集的地方或者身体的神经干线经过的地方。针灸常用的穴位有361个。

一年四季人总容易感冒，
可是感冒时为什么会咳嗽呢？

哈尔滨市道外区南马路小学邓博文同学问：

在生活中，人总是会感冒的，可是人们感冒为什么会咳嗽呢？

问题关注指数：★★★★

很少有人从来没得过感冒，因为得感冒原因很多，几乎防不胜防。如气温骤冷，衣服增减不及时，或者因为别人感冒了，自己被传染了，或者因为这段时间学习负担太重，身体的抵抗力下降了……无论是哪种感冒，通常都会有嗓子不适、痰多咳嗽、流鼻涕、发烧等症状。有的感冒病毒会直接破坏呼吸道黏膜，使呼吸道变得敏感，稍微有一点刺激，比如冷空气就能引起咳嗽。所以得了感冒身体会很不舒服，特别是咳嗽，厉害的时候咳得胸都疼了。

咳嗽是因为嗓子受到刺激，刺激使得喉咙发痒，这种不舒服的感觉通过神经系统传导到大脑。大脑中有一个区域专门管咳嗽，名为咳嗽中枢。中枢收到信号，再通过神经系统下达指令。于是，人立刻会蓄积力量，调动相关的肌肉组织，"咳咳"地咳嗽。咳嗽中枢这么做，是因为咳嗽实际是身体的一种保护性动作，能把呼吸道里的异物或发炎产生的分泌物咳出来，咳完后病人会倍觉轻松。

总之，感冒时引起的呼吸道感染是咳嗽的主要原因。咳嗽是一个正常的反射性动作，但咳嗽太剧烈的时候最好还是刻意地忍一忍，让嗓子能得到适当的休息。

知识接龙

什么是流感？

流感就是流行性感冒，是由流感病毒引起的，特别容易传染，一个同学得流感，全班同学都感冒。流感病毒还特别容易变异。如果你今年得了流感，按说痊愈以后身体里就有了抵抗力，明年就不会得流感了吧？错！明年的流感病毒是经过变异的，和今年的不一样，你还是容易感冒！

为什么人出生时不会说话，

长大了就会说话，而猫狗就不行？

山东省泗水县实验小学魏丽同学问：

人为什么会说话？狗和猫之类的动物就不能说话？

问题关注指数：★★★★

说话是人与其他动物的重要区别。人类的孩子1岁时开始能发两字词的声音，两三岁能说简单的母语。可是家里的小狗小猫，无论长到几岁，都是只会叫，不会说话。这是为什么呢？

一是人的发声器官在生理构造上和动物的不同。它是由肺等器官呼出气体，气体冲击声带，使声带振动发出声音，然后由口腔和喉咙、鼻腔进行共鸣和调控来实现的。声带位于喉腔中部，由声带肌、声带韧带和黏膜三部分组成，左右对称。声带弹性大，结构精细。在喉部肌肉的配合下，声带可以灵活调控，发出抑扬顿挫、婉转悦耳的声音来。声带还有性别上的差异。男人的声带长而宽，所以声音低沉浑厚；女人的声带短而窄，所以声音高亢清亮。而动物的发声器官都不如人类精细。

二是人类有一个聪明的大脑。人的大脑有专门的语言中枢，由4个分区组成，一个负责听话，一个负责说话，一个负责阅读文字，另一个负责写字。语言中枢是祖先留下来的宝贵财富，使得我们在学习语言的时候可以事半功倍。

猫狗等动物只会发出简单的声音，虽然能用不同的声音节奏进行信息交流，但这和说话相差甚远。地球上只有人具有说话的本领。

练习说说绕口令"黑化肥挥发发灰会花飞；灰化肥挥发发黑会飞花"。把绕口令说得通顺、字音准确、速度快，可以使说话能力不断提高。

海水能喝吗？

山东省泗水县实验小学常琳琳同学问：

海水能喝吗？

问题关注指数：★★★★

你在海水里游过泳吗？如果不小心喝了一口海水，你会发现能喝，但很不好喝。海水的味道又咸又苦，喝到肚子里不舒服。

海水的平均含盐量是35‰，也就是说1000克海水中有35克盐分，而人的饮用水含盐量不能超过20‰。船员们都有一个常识，就是靠喝海水解渴等于损害生命。因为身体里的细胞是低盐度的，所以当海水喝进肚子，高盐度的水穿肠而过时，海水非但不能给细胞供水，还会直接把细胞里的水吸出来。海水喝得越多，身体失水状态越严重。严重脱水会出现幻觉、神志昏迷、精神错乱等可怕的症状，甚至导致死亡。

另外，海水里还有好多矿物质。人体虽然也需要矿物质，可是每天需要补充的量很小，补充多了同样会中毒。海水中的矿物质浓度大大超标，喝海水会打破身体里矿物质和微量元素的平衡。

所以说：海水不小心喝几口无大碍，但不能拿它解渴。

知识擂台

海水淡化

现在，已经有先进的工艺可以把海水淡化以后使用，远洋轮船和缺乏水源的海岛上都需要海水淡化设备。

人为什么吃东西会饱，不吃会饿，而且肚子咕咕叫呢？

广州市海珠区新民六街小学冯碧琪同学问：

人为什么会饿？不吃饭肚子就会不停地叫？

问题关注指数：★★★★

科学家通过实验发现了人会饿的秘密。他们先把一些动物大脑中的某个区域破坏了，它们便狂吃食物。之后，把另一群动物的大脑中的另一个区域破坏了，即使再好吃的食物摆在它们面前，它们也不碰一下，最后竟然饿死。这是因为饿和饱的感觉受到"人体司令部"大脑的指挥和控制，即饥饿中枢负责饿指令，饱食中枢负责饱指令。

每天早上我们吃过早餐，胃就开始工作。一般过4小时，胃就能消化好食物，运送到小肠吸收。这时胃会给大脑发一个信号，告诉它"我饿了"。大脑随即向饥饿中枢发出饥饿指令："到中午了，该饿了"，并向饱食中枢发出抑制指令："该吃午饭了。"等到午餐吃完，胃又开始工作，经历着同样的过程，大约四五个小时后你又会产生饥饿感，恰好就是晚餐时间。

饿还和身体里血糖的波动有关。一上午的学习，我们在消耗着能量，血糖的浓度降低，身体就会产生正常的反应："能量供应不上，饿了，该吃饭了。"

为什么不吃饭肚子就会不停叫呢？因为胃里其实不是空的，而是有胃液和空气。当你饿得"前胸贴后背"时，胃还在蠕动，挤压胃液和空气，就发出"咕咕"的声音。

联想快车

什么是消化系统？

消化系统中最重要的三部分，胃负责消化食物，小肠负责吸收食物营养，大肠负责排空消化过的食物残渣。消化系统的消化时间，决定了人感觉饥饿的时间。

人为什么有汗毛，而且有的人汗毛很长，有的人汗毛就很短呢？

哈尔滨市育民小学校崔诗尧同学问：

人怎么有汗毛呢？我的汗毛很长，而有的人的汗毛就很短，这是为什么呢？

问题关注指数：★★★

我们的祖先——猿人，为了抵御严寒，身上长有浓厚的毛发。后来猿人进化了，学会了将兽皮披在身上抵御严寒，浓厚的毛发就不是很必要了，于是随着人类进化毛发逐渐退化，变成了我们今天这个样子。

但是人类的身上仍然有毛发，它仍然发挥着不可替代的作用。作为人体的第一道防线，它可以保护皮肤、阻挡异物的侵袭，分泌物还能起到杀菌的作用；也可以让我们适应酷热的天气，排出汗液，让身体不会过分燥热；它也可以在我们运动的时候，帮忙排出汗液，助我们降温。

为什么有的人汗毛长，有的人短呢？首先这和遗传关系密切。看看你的父母是不是毛发长而浓密，如果是，你的汗毛长的概率就相当大。汗毛的长短会随着你长大渐渐变长，但绝对不会像头发一样生长速度那么快，也不会长那么长，它会慢慢地变长。

知识接龙

激素和汗毛

除了遗传因素，激素，尤其是雄性激素也决定着汗毛的长短。青春期的时候，男孩的雄性激素分泌增加，开始长出密密的胡须，汗毛也比以前重了一些。女孩身体里的雄性激素比男孩少很多，所以汗毛也比男孩少很多。

17

为什么眼睛会近视，而且戴上近视眼镜就能看清东西？

哈尔滨市钱塘小学校周畅同学问：

为什么眼睛会近视？为什么看电视多了会使眼睛近视？

问题关注指数：★★★★★

在了解近视以前，我们先来了解一下人的眼睛的结构吧。人的眼睛的形状近似球形，它的结构和老式照相机有一点像：瞳孔相当于光圈，角膜和晶状体相当于一组镜头，视网膜相当于胶片。光线通过瞳孔进入眼睛，角膜和晶状体这一组"镜头"自动"对焦"，恰到好处地将光线聚焦到眼球内表面的视网膜上，形成倒立的图像，再通过大脑分析让我们看到清晰的图像。

角膜和晶状体这组"镜头"之所以能自动"对焦"，是因为它们有一定的自我调节功能。

如果长时间注视近处的物体，比如看书和电视，眼睛的晶状体和相关的组织就会一直处在紧张状态下，时间一长调节功能就变差了，看近处物体的时候没什么感觉，看远处物体的时候就会出现"对焦"不利索的情况，光线不能再"恰到好处"地聚焦到眼球内表面的视网膜上了，这就是近视。

如果近视的程度深了，还会进一步影响眼球，眼球的形状不再是饱满的球形，而是变成了椭圆形。这样一来，眼看东西，晶状体将光线汇聚过度了，焦点落在了视网膜前方，眼睛不能很清晰地成像，不戴眼镜看物体，就变得模模糊糊的了。

眼睛会近视的首要原因是遗传因素。假若母亲和父亲都是高度近视，度数超过600度，那么孩子眼睛近视的可能性在90%以上。除此之外，眼睛近视和用眼习惯密切相关。看书、做作业坐姿不正确，眼睛离书本很近，长时间黑着灯盯着电视看，通宵玩电脑游戏……这样用眼的话十有八九会造成视力减退。

为什么有人是色盲？

哈尔滨市花园小学校王玮琦同学问：

为什么有人是色盲？

问题关注指数：★★★★

你的同学中有色盲吗？你有没有发现一个规律：患色盲的男生比女生多很多？

人的细胞中有23对染色体，其中一对叫性染色体，导致色盲的基因就在性染色体中的X染色体上。因为男性只有一条X染色体，如果这唯一的X染色体携带有色盲基因，他就会患色盲；而女性有两条X染色体，只有在两条X染色体都携带色盲基因的时候，她才会患色盲。

下面我们来做一个遗传学的游戏。把妈妈的XX染色体，编号为X_1X_2，把爸爸的XY染色体编号为X_3Y，那么他们的孩子的性染色体就有4种可能：X_1Y，X_2Y，X_1X_3，X_2X_3。

游戏继续。如果爸爸色盲，而妈妈是健康的，说明爸爸的X染色体（即X_3）有色盲基因，而妈妈的X染色体（X_1、X_2）很健康。宝宝如果是男孩，那么他的性染色体可能是X_1Y，也可能是X_2Y，从爸爸那里得到的Y染色体和从妈妈那里来的X染色体都是健康的，所以他就是健康的。若宝宝是女孩，她的染色体可能是X_1X_3，也可能是X_2X_3，虽然X_1和X_2很健康，但是X_3有问题，这时候女孩不会患色盲，但会是色盲基因的携带者，将来这个色盲基因还会传给她的孩子们。

游戏再继续。如果妈妈色盲，而爸爸健康，说明妈妈的染色体X_1、X_2出了问题，而爸爸的X_3染色体是正常的。这时候，他们的儿子会是色盲，他们的女儿会是色盲基因携带者。

最严重的色盲

色盲分为全色盲和部分色盲。部分色盲分不清红色和绿色，所以过路口看红绿灯只能凭经验。最严重的是全色盲，他们看东西，就像是在看黑白电视。

双胞胎为什么会有心灵感应？
为什么会有龙凤胎、三胞胎？

哈尔滨市香坊小学校吴硕同学问：

双胞胎为什么长得一样？为什么会有龙凤胎、三胞胎呢？为什么双胞胎会有心灵感应？

问题关注指数：★★★★★

你是不是觉得，双胞胎长得高矮、胖瘦、脸盘都一样呢？其实不然。让我们回到生命最开始的时候——受精卵。受精卵是一个由妈妈的卵子和爸爸的精子结合形成的细胞。如果受精卵在最初分裂的那一刹那变成了两个受精卵，遗传信息完全相同，孕育出来的双胞胎就长得很像，在医学上称为同卵孪生。另一种情况是异卵孪生，宝宝是由两个不同的受精卵发育而成的。一般情况下，异卵生的孩子长得不很像。而三胞胎呢，有可能是异卵孪生，妈妈怀孕的时候同时排出3个卵子，产生3个受精卵；有可能是同卵孪生，由一个受精卵分裂成3个胚胎；也有可能是其中两个是同卵孪生，另一个是由单独的受精卵长成的。常说的龙凤胎，属于异卵孪生。

至于双胞胎的心灵感应，这目前还是一个谜。科学家已经观察到心灵感应现象的存在，但还没有找到说明它的答案。也许和双胞胎的基因相同有关，也许双胞胎之间建立了心灵信息交流通道，也许……相信有一天，科学会解释双胞胎的心灵感应。

开心小辞典

自然怀孕的条件下三胞胎很少。"试管婴儿"技术会对生多胞胎有帮助。通常医生会取出多个卵子，让它们在试管中受精，等待受精卵发育成胚胎后再放回子宫。为了提高怀孕概率，一般会选择放入多个胚胎。如果其中3个能成功发育，就是三个宝宝。

头朝下倒立
为什么会晕？

哈尔滨市道外区南市小学蔡啸扬同学问：

头朝下为什么会晕？

问题关注指数：★★★★

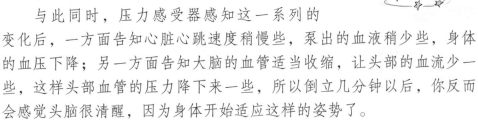

　　头晕的秘密是在脖子的位置有一个感受器。它可以感知血液流动的变化，感知血压的变化。当你头下脚上的时候，因为地球引力，血液往大脑方向流动的量更多些，流动速度更快些。这时候你会感觉青筋暴跳，特别是脖子的位置，血流把血管撑得根根毕现，憋得脸都红了。这时候，大脑的血流压力由于倒立突然增加，所以你会感觉脑袋涨涨的、蒙蒙的，会有短暂头晕的感觉。

　　与此同时，压力感受器感知这一系列的变化后，一方面告知心脏心跳速度稍慢些，泵出的血液稍少些，身体的血压下降；另一方面告知大脑的血管适当收缩，让头部的血流少一些，这样头部血管的压力降下来一些，所以倒立几分钟以后，你反而会感觉头脑很清醒，因为身体开始适应这样的姿势了。

　　接下来，当你从头朝下，回复到头朝上的姿势的时候，又会感觉到明显的头晕，两眼冒金星。这是因为地球引力，血液往下流动，可想而知大脑会供血不足。压力感受器会随时监控这些变化，让头部血管重新扩张，以容纳更多的血液。而心跳的速度也加快了，能在很短的时间重新让大脑有充足的供血，这时头晕的症状就消失了。

　　利用课余时间，同学们可以在饭前练练倒立。开始时可以双手直臂撑地倚墙倒立，逐渐提高难度，尝试不倚墙。

为什么手比脚要灵活？

山东省泗水县实验小学吴大伟同学问：

人的手和脚都是五个指头，为什么手比脚要灵活？

问题关注指数：★★★★

手比脚灵活，这是在人类进化过程中逐渐形成的，同时也是我们不断锻炼的结果。

早在类人猿从四肢爬行演变成直立行走的时候，手和脚就开始分工，手负责捕杀猎物，脚负责追逐猎物。手可以握持工具，脚只管行走。从那时起，手和脚的骨头、关节、肌肉就为适应这种分工而不断进化。

现在，人的手指骨和脚趾骨各有14根，数量相同，但形状在进化过程中却发生了重大改变。手指变长，手掌变平以适应握、捏、掐、按、揉等各种复杂动作，而脚趾变短，脚掌有足弓，更利于站立、行走和奔跑，但是在精细动作方面就显得笨拙多了。

人从出生的那一刻起，手就比脚灵活。当妈妈把圆珠笔放在宝宝手里时，宝宝会抓住圆珠笔。放在脚心，脚趾也就缩一下。到了3岁，手能做更多精细动作，进步飞快。但脚很少锻炼做精细动作的能力。

最后，身体的司令部——大脑也对手和脚区别对待。俗话说"心灵手巧""眼疾手快"，指的就是手、眼、脑的协调配合。如用筷子夹花生这个任务，眼睛要盯准花生，告诉大脑花生的位置和形状，由大脑指挥手来圆满地完成夹花生并送到嘴里。这方面，大脑是有些"偏心"的，除非手有残疾，否则不会调动脚来做这件事情。

你看，手得到更多的锻炼机会，当仁不让，自然要比脚灵活！

知识擂台

除了上文提到的握、捏、掐、按、揉，你还能说出多少种手的动作？

加工食品的时候
为什么要加入添加剂？

哈尔滨市呼兰区附属实验学校洪成昊同学问：

食品里为什么要加入添加剂？

问题关注指数：★★★★

你在买食品的时候看包装说明吗？上面列着保质期和食品主要成分，其中会有一些陌生的名字，它们可能就是添加剂的化学名。

在没有发明食物添加剂前，食物稍微放久了就不新鲜了，特别是已经开了封的食品没过几天就会变馊不能食用。怎么办呢？于是各种各样的添加剂应运而生，使密封食品的保质期大大延长。像饮料，因为有了添加剂，保质期能长达1年半，也就是说只要保存得当，包装没有破损，在这1年半的时间里这瓶饮料不会馊坏。

添加剂不仅可以保持食物的营养，还可以杀灭某些起破坏作用的微生物，对人体健康有利。让食物的颜色更鲜亮，让食物的味道更诱人，如果想让食物的品质更独到，也可以加入食品添加剂。理想的食品添加剂应该是无毒无害，百分之百安全的。

目前市场上使用的添加剂大多是化学合成的，世界各国的食品卫生部门都制定了添加剂的安全使用条例。依照这些条例，食品添加剂是指为改善食品品质和色、香、味以及为防腐和加工工艺的需要而加入食品中的化学合成或天然物质。添加剂在食物中加入的量有严格的限制，需符合国家规定健康标准才能保障食物安全。

知识接龙

学蒸馒头

首先是准备工作。除了去超市买面粉，还要买酵母粉、小苏打两种添加剂。让妈妈教你和面，加入酵母粉、小苏打发酵一段时间，小苏打可以去掉发酵产生的酸味。馒头揉好后上屉蒸，蒸出来的馒头才会松软可口。

禽流感是动物得的病吗？
它为什么会传染给人呢？

东营市胜利实验小学孙文昊同学问：

什么是禽流感？禽流感为什么会传染给人？为什么会如此频繁地发生呢？

问题关注指数：★★★★★

禽流感，从字面上看就是"禽类的流行性感冒"，通常只在鸟类中传播，有的科学家认为它就是鸡瘟。禽流感由鸡鸭直接传给人不太容易，只有那些与病禽密切接触的人才能被传染上。一般通过呼吸，也可经过消化道和皮肤伤口传染给人类。一旦感染上，它的危险性可就大了，高热之后会引起严重的肺炎，心、肾等多种脏器的功能也会出现问题，死亡率极高。这是全世界人民对禽流感感到恐慌的原因之一。

近几年，世界各地不断发生人感染禽流感的例子，而且一度大面积蔓延。1997年5月，我国香港有一个3岁儿童死于不明原因的多脏器功能衰竭；同年8月，经美国疾病预防和控制中心以及世界卫生组织（WHO）鉴定为禽甲型流感病毒H5N1引起的人类流感，这是世界上首次证实禽甲型流感病毒H5N1感染人类。

禽流感之所以不好对付，是因为它属于急性传染病，传播速度很快；而且禽流感病毒基因容易发生变异，很难有预防的疫苗，病死率很高。

 **怎样切断禽流感的传播途径？**

一旦发生人禽流感疫情，要迅速切断传染源的传播途径，要远离禽类养殖场、屠宰场，对死禽及废弃物要深埋或销毁，病人要住院隔离，使疫情不扩散。

为什么有人睡着以后会 "吱吱" 磨牙呢？

哈尔滨市道外区南马路小学齐可欣同学问：

人夜间睡着了为什么会磨牙呢？

问题关注指数：★★★★

夜间"吱吱"磨牙，声音或轻或重，频率或紧或松，一般情况下，别人听得清清楚楚，自己醒来后却毫无印象。情况严重的磨牙，醒来后会感觉面颊生疼，全身不舒服。磨牙问题有大有小，原因错综复杂。

心情焦虑可能会导致磨牙。比如今天老师留的作业没完成，晚上躺在床上内心惶恐，很长一段时间大脑皮层的大部分区域虽已进入休息的状态，但仍然会有一些区域久久未眠，磨牙就会不期而至。

肠胃功能紊乱会导致磨牙。比如晚餐吃得特饱，胃肠还未充分消化掉晚餐，一时兴起又吃了夜宵，把肚子撑得鼓鼓的，逼迫肠胃超负荷工作。在睡梦中，肠道不堪重负地工作着，让面部的咀嚼肌分不清是该工作还是该休息，于是带着下巴上下咬动，就发出了"吱吱"声。

还有一个常见的原因，就是肚子里有寄生虫了。虫子会分泌各种毒素，刺激着肠道的内壁，它的排泄物也会不断刺激大脑，特别是熟睡的时候。经常磨牙的孩子，这个原因是需要首先考虑的。

所以，在磨牙现象的背后隐藏着身体的健康问题。只要找到原因对症解决后，磨牙现象自然会消失。

联想快车

什么是寄生虫？

寄生虫，是指寄居在人体肠道里的虫子，最常见的是蛔虫。寄生虫靠肠道吸收的营养物质生长。随着它的长大，对身体健康的破坏力不断增强。

人为什么会打喷嚏？

哈尔滨市儿童少年活动中心书画部美术班陈雅哲同学问：

人为什么要打喷嚏？有时还会一连串打个不停？

问题关注指数：★★★★

还记得小时候，我趁着爸爸熟睡时，用蒲公英的毛毛轻轻地捅爸爸的鼻孔，开始他还能忍，过了一小会儿就会不由自主地打喷嚏。

鼻子有一种与生俱来的排除外来物质的能力，就是打喷嚏。打喷嚏时，一股强大的气流把鼻孔里的异物推出来，之后的那一刹那便感觉神清气爽。所以打喷嚏是一种生理现象，它的发生不受人为控制，它是为了防止异物侵入、把好鼻孔这道关卡的防御性"武器"。

同样道理，通常感冒的时候人要打喷嚏、流鼻涕。鼻涕也是一种刺激物，刺激着鼻黏膜的神经细胞，当神经细胞"忍无可忍"的时候，喷嚏就如约而至。另外，到了冬季，打喷嚏似乎比其他季节频繁。当你背着书包走出家门的时候，屋外的冷空气和屋内热空气形成鲜明的反差，刺激鼻黏膜的神经细胞，诱发你打喷嚏。

还有一种特别的喷嚏。到了春季鲜花盛开的时候，有的人一靠近鲜花就开始打。这是一种过敏反应。花粉是一种典型的过敏原，身体为了对抗过敏原会产生一种学名叫"组胺"的物质，导致接二连三的喷嚏，伴随着流鼻涕、鼻子堵、嗓子疼、眼睛发痒、流泪等过敏症状。

总而言之，打喷嚏有很多原因，但归根结底都是因为鼻黏膜上的神经细胞受到了刺激。

各种各样的"过敏"

生活中，我们常听说某某人对花粉过敏，某某人对药物过敏，某某人对特定食物过敏，还有人对动物的皮毛、肥皂、洗衣粉过敏。如果一个人的身体对某种外界刺激做出过度的反应，我们就叫它过敏。

为什么人刚生下来会哭，而动物却不哭呢？

山东省泗水县实验小学孙宏宇同学问：

为什么小孩刚生下来会哭？人出生就会哭，而动物却不哭呢？

问题关注指数：★★★★

婴儿一生下来就会哭，而且必须哭，不哭的话，产科医生还要拍他的屁股或者后背让他哭。正是那第一声啼哭宣示了生命的诞生。只有听到婴儿响亮地哭出来，医生们才能长出一口气。

为什么婴儿出生时一定要哭呢？因为胎儿在妈妈体内是在羊水中生活的，他和妈妈之间有一根脐带相连，脐带里流过的动脉血为胎儿输送营养和氧气，流过的静脉血为胎儿排出废物、排出二氧化碳。当婴儿出生时，他不能再依靠脐带的养分和氧气，这时肺开始膨胀，自主呼吸。婴儿哭，证明呼吸系统正常，肺功能先天良好。另外，哭还能让婴儿清清嗓子，把从羊水里带出来、堵在嗓子里的东西哭出来。

哭是人类特有的行为，是人类生理情绪的一种表达或表露，是人类表达情感的一种方式。人对哭赋予了很多色彩，哭的表达方式五花八门：号啕大哭，泣不成声，泪如雨下，哭哭啼啼……人和动物的区别之一，是人有表达复杂情绪的能力。哭正是这种能力最鲜活的体现。动物，特别是灵长类动物，像猿、猩猩也有喜、怒、哀、乐的表情，但只能表达最浅层次的情感。它们悲伤的时候也会流泪，甚至有酷似哭声的叫声，你可以拟人化地形容它"哭了"，但那绝对不能和人的哭相提并论。

知识擂台

什么是肺？

肺在胸腔中，左右各一。胎儿出生前，肺呈压缩状态。从出生第一声啼哭开始，肺泡内充满空气，呈海绵状。随着人一呼一吸，进行着氧气和二氧化碳的气体交换。

为什么人会流汗，有时还会大汗淋漓呢？

哈尔滨市育民小学校李佳琳同学问：

人为什么会流汗？

问题关注指数：★★★

你有没有发现，每当流汗的时候，汗珠是从汗毛孔里流出来的？一个成年人全身皮肤有上百万个汗毛孔。汗毛孔有大有小，在它的下面有你看不到的结构，叫汗腺。大的汗腺在汗毛孔附近，主要分布在腋窝、鼻翼、脐窝、腹股沟、肛门等地方，它的开口和汗毛直接相连。小汗腺直接开口于皮肤表面。我们知道，人的体温恒定。天气炎热体温会升高，人会有燥热感。这时几百万个汗腺开始紧张工作，分泌出大量汗液，释放身体热量，体温会随之下降。人能在各种天气条件下保持恒定的体温，不光是因为人知道增减衣服，更重要的是身体有一套精细的系统调节着体温的变化。

出汗是排除身体废物的一种有效途径。汗液是咸的，成分有水、氯化钠、尿素等各种矿物质。大量出汗还会促进脂肪燃烧。健身运动，如慢跑、打球、健身房运动，目的之一就是为了出汗减肥。

出汗还可以保护皮肤。有时候虽然你没感觉到出汗，但汗腺一样在工作。汗液会在身体皮肤表面形成一层保护膜，一方面防止皮肤干燥，另一方面防止细菌等外来物的侵袭，预防皮肤被感染。

总而言之，出汗是人的重要本能。当然，还有一些特别情况下人也会出汗，有些是属于不正常的出汗。具体原因需要请医生诊断，找出解决办法。

小小观测台

什么是不正常出汗？

精神紧张、恐惧、兴奋的时候，手心会出汗。身体虚弱有病的时候会出汗，特别是一觉醒来浑身湿透，这是通常所说的"出虚汗"也叫"盗汗"。

人为什么会长睫毛？

哈尔滨市道外区南马路小学杨少辰同学问：

人为什么会长眼睫毛？

问题关注指数：★★★

如果人没有睫毛，会发生什么呢？

大风天气，一出门，风沙就会被吹进眼睛；下雨时，雨滴直接就流进眼睛；汗流浃背满脸是汗时，汗水顺着额头往下流，会很轻易地流进眼睛；有小飞虫或者灰尘异物袭来，没有任何遮拦，直接进入眼睛。眼睛很怕各种异物。只要有异物，眼睛的第一反应就是闭眼。要是眼睛闭上半天都睁不开，多耽误事儿！所以，人长睫毛的第一个原因就是阻挡异物。它是保护眼睛的一道防线。而且，睫毛也在不断地更新换代，保持一定的数量，守卫着这道防线。

第二个原因是防止眼睛受到强光刺激。因为睫毛密密地排列在一起，会遮挡一部分强光，特别是在你下意识眯着眼的时候，睫毛起的作用更大。

而且，长睫毛很美观。你的睫毛又长又密又黑，眼睛一眨一眨的，会让人觉得眼睛很有神。

睫毛看似不起眼，但是缺了它会给你的生活带来很多麻烦。身体的奥秘就在于它很精准、很巧妙地根据人的生理需要构造身体各个器官和组织，并且完美到让你每天生活得很舒适，几乎忽略它的存在。

睫毛生长在上下眼睑前缘，排成两三行，上睑睫毛根数多，下睑睫毛根数少；中央的睫毛长，两侧的短。睫毛长到一定程度会脱落，旧的脱落了会有新的长出来，长到和原来长度差不多的时候就会停止生长。

29

人为什么会眨眼睛？

广州市惠福西路小学陈浩贤同学问：

人为什么会不断地眨眼睛？

问题关注指数：★ ★ ★

曾经有人统计过，一个正常人平均每分钟要眨眼15次。有趣的是，吉尼斯世界纪录也有一个不眨眼纪录——居然有人连续2个小时不眨眼。

不断地眨眼睛是身体生理上的需要。眨眼睛的首要目的是让泪液均匀地湿润角膜、结膜，让眼睛不感觉干涩。特别是如果你长时间盯着电脑，或眼睛长时间目不转睛看某个地方，眼睛第一感觉就是干干的、涩涩的，这时多眨几下眼睛，眼睛旁边的泪腺受到挤压，就会流出泪水，重新湿润眼睛。

其次，为了挡住沙粒和小飞虫，眼睛会下意识地眨。若使劲地眨几下眼睛会给泪腺更大的压力，泪腺分泌更多泪液，幸运的话会把尘土或小飞虫"冲"出来，所以不断地眨眼睛还能清洁角膜。科学家研究过泪液的成分，不光有盐分，还有溶菌酶、免疫球蛋白等，能提高眼睛抵抗细菌的能力。

总而言之，眨眼睛是人正常的生理需求。如果每分钟眨眼的次数少于10次，眼睛会感觉干燥酸涩；可是如果眨眼的频率过高，不仅影响看东西，而且容易疲劳，还不美观。

什么是泪腺？

泪腺是产生眼泪的地方，泪腺形态很像杏仁，有很多排泄管，可以把产生的泪液排到眼球表面的角膜上，滋润眼睛。

人为什么到青春期会长青春痘？

哈尔滨市友协第一小学李星卓同学问：

人为什么到青春期会长青春痘？

问题关注指数：★★★★

长青春痘，最主要的原因是身体里雄性激素分泌增加了。

青春期的男孩女孩身体会发生明显变化。这是长个子最快的时期，体重、肌肉力量、肩宽、骨盆宽也有不同程度的改变。同时，第二性征加快发育：男孩开始长胡子，声音开始变粗，睾丸逐渐发育成熟，从男孩逐渐发育成男人；而女孩，开始有月经，乳房开始增大、卵巢逐渐发育成熟，从女孩逐渐发育成女人。在成长的过程中，脸上的青春痘也一拨接一拨地长，这是因为身体里一种重要物质——雄性激素在青春期的分泌量明显增加。雄性激素分泌增多会刺激皮肤分泌更多油脂，使皮肤变得油油的。等过了青春期，青春痘会慢慢减退，消失。

有些青春期的少男少女，没有养成好好洗脸的习惯，晚上睡前不洗脸，或者用清水撩两下就算洗完了，这就给细菌、螨虫提供了生活空间，还让毛孔表面的角质变厚，堵塞住毛孔。细菌、螨虫在毛孔里安了家，油脂从毛孔中排不出来，毛孔就会凸起，就长成了青春痘。长了痘痘以后，脸上不舒服，总想用手摸脸，抠痘痘，手上的脏东西会让痘痘再次感染发炎。严重的时候，脸上的痘痘会连成片，很不美观。

要想控制痘痘的生长，要认真洗脸，使用去油脂效果好的洗面奶，手脏的时候尽量不要摸脸。

什么是青春期？

青春期，科学的定义是由儿童逐渐发育成为成年人的过渡时期。女孩大约从10~12岁开始，而男孩子则从12~14岁开始，到17~18岁截止。

人为什么不能在水下呼吸呢？

山东省泗水县实验小学胡波问：

人为什么不能在水下呼吸？

问题关注指数：★★★★

先回答一个问题：人用身体的什么器官呼吸氧气呢？对，是肺。肺可以分离空气中的氧气。鼻子吸入的空气，经过气管、支气管、小支气管以及越来越细的管道，到达肺的一个个肺泡中，并在肺泡里进行气体交换——吸入氧气，同时呼出二氧化碳。

人的呼吸需要氧气，水中也确实有氧气，虽然只有空气中含氧量的1/5。但是人和鱼不同，人用肺呼吸，鱼用鳃呼吸。人的肺只能吸取空气中的氧气，却无法吸取水中的氧气，因此在水中人就会窒息。而鱼类却可以用鳃来呼吸。

另外，液体的流动和空气的流动是不同的。空气进入呼吸系统的入口是鼻子，鼻子负责湿化和加温空气。平静呼吸时，胸部的一张一收，带动气流沿着呼吸通道流动，到达肺后，肺也是以气体的形式进行交换，然后二氧化碳原路返回。假如人在水里，情况可就不一样了。水能流进鼻孔，却不能流进肺里；即使有水滴呛进了肺里，也无法提供氧气，不能带走二氧化碳。

总而言之，人不具备水下呼吸的身体结构，所以不能在水下呼吸。

观察鱼的鳃，鳃在鱼的口咽腔两侧，鳃有很多鳃丝，鲜红色。鱼的口和鳃盖后缘相互交替张开紧闭，在这个过程中，水中的氧气进入体内，二氧化碳则被水流带走。

一到冬天，狗熊要冬眠，人为什么不呢？

广州市惠福西路小学苏玥同学问：

人为什么不冬眠？

问题关注指数：★★★★★

人不能冬眠，因为人有自身特定的生物节律。

第一，人的肾脏每天都会产生尿液，暂时储存在膀胱，膀胱的容量有限，必须定时排出体外。如果憋尿时间久了，尿中的毒素会对身体造成很大伤害。而冬眠的动物可以几个月不排尿，是因为它们的膀胱不光能储存尿液，还能分解尿液中有毒的物质，重新吸收尿液中的水分，供身体所需。排便也是同样的道理。人不能容忍粪便停留在大肠时间过长，冬眠动物却可以。

第二，人的胃已经适应了一日三餐，身体需要定时摄入食物满足一天的能量所需，保证身体36℃左右的体温。而动物冬眠时新陈代谢非常缓慢，体温显著下降，每昼夜只放出0.5卡热量。冬眠是动物们躲避饥寒交迫最好的法宝。

第三，人的骨骼肌肉结构需要运动。假如人也冬眠，四肢的肌肉会萎缩，骨头变脆变软，冬眠过后也失去了行动能力。

第四，人的神经系统控制着身体节律，称作生物钟。经过一夜的睡眠，身体会告诉你"该起了"。而冬眠的动物到了冬眠时期神经处于麻痹状态。直到天气回暖，神经的兴奋性才能渐渐恢复。

总之，人的身体结构和生活方式决定了人不能冬眠，也不需要冬眠，早睡早起、有规律的生活习惯可以使身体更健康。

热量换算

卡路里是热量计算单位，简称卡。1卡是使1克水温度上升1℃所需的热量。食物在体内氧化产生的热量大致是每克碳水化合物4000卡，每克脂肪9000卡，每克蛋白质4000卡。

人的大脑结构一样吗？为什么人们的思维存在着很大差异？

山东省泗水县实验小学王卿同学问：

人的大脑结构一样吗？为什么人们的思维存在着很大差异？

问题关注指数：★★★★

20世纪时，有科学家研究了被誉为史上最聪明的大脑——爱因斯坦的大脑，惊奇地发现，爱因斯坦的大脑重量居然低于男人大脑的平均值。那么他为什么能做出诸多重大发现而被公认为最聪明的人呢？原来，人的聪明程度和大脑的重量关系不大。

从外观上看，人的大脑分为左右两半，两个半球的外表有点像皱皱巴巴的核桃仁，有一条条凹下去的沟，沟和沟之间是隆起的回。这些沟和回里，就藏着数不清的神经细胞，可以用来学习和思考。沟和回越多，能容纳的神经细胞就越多，人在智力上可以挖掘的潜力就越大。有三条最大的沟，把大脑分割成顶叶、额叶、颞叶、枕叶几部分。其中顶叶就在我们的头顶正上方偏后的位置，它负责处理有关触觉的问题，擅长数学和逻辑推理。

据研究，爱因斯坦的大脑顶叶要比常人的大15%，而且，它不像常人的顶叶那样被大脑外侧裂分成两个部分，而是相对完整，上面大大小小的沟和回也特别多。于是人们猜测，这些与众不同的地方才是爱因斯坦绝顶聪明的原因。

正如世界上没有完全相同的两片树叶一样，人的大脑结构也有细微的差别。而在成长的过程中，由于每个人生活环境、生活方式、生活经历不同，所以思维存在很大差异。

左脑和右脑

大脑有两个半球：左半球和右半球。大脑的两个半球各有分工：左边主要负责语言和推理，右边主要负责运动、感情以及时空定位。更有趣的是，左脑负责指挥右半侧身体，而右脑负责指挥左半侧身体。

为什么人没有骨髓就活不下去？

哈尔滨市道外区南市小学羊进同学问：

为什么人没有骨髓就活不下去？

问题关注指数：★★★★★

吃红烧棒骨时，手边通常会准备一根吸管，为的是吸净棒骨里的骨髓。妈妈爸爸总是希望你多吃一点，因为他们知道动物骨髓营养价值很高，富含蛋白质、铁、钙和磷等各种营养素。

人的骨髓也在身体大骨骼的腔中，虽然只占体重的4%~6%，但是作用非同寻常。骨髓最重要的功能是造血功能。因为骨髓中有一类具有无限自我更新能力的细胞，叫造血干细胞。它的绰号是"细胞中的美猴王"，如孙悟空有七十二般变化，神通广大。

成年人红细胞的平均寿命约120天，血小板约7~10天。每天都有大量的细胞衰老死亡。谁去补充这些细胞呢？只有造血干细胞。它可以根据身体需要，应对不同情境，适时地变化成各种血细胞的母细胞，再进一步形成成熟的红细胞、白细胞、血小板……然后血细胞通过骨髓进入血液，发挥各自的生理作用。造血干细胞旺盛的增殖能力，可以让血细胞的供应源源不断，数量相对恒定，功能也相对恒定。

恶名远扬的白血病，就是因为骨髓中的造血干细胞出了问题，导致死亡的血细胞得不到补充，只有骨髓移植才能彻底治愈这种病。

知识加油站

在医院做体检的时候，血常规是最基本的检查项目。通过查RBC红细胞、白细胞、血小板的数量和形态可以间接知道骨髓是否健康。

人为什么有时候会有黑眼圈?

山东省泗水县实验小学李南同学问:

人为什么有黑眼圈?

问题关注指数: ★★★★

先考你一个问题,身体最薄的皮肤在哪里? 答案是在眼睛周围,特别是眼睛下面的皮肤,非常薄。

接下来,让我们做一个小实验、准备一张厚纸、一张薄纸,用红色水笔在纸上画几条粗粗的横线,把纸拿起来,对着光线看。是不是厚纸上的红线几乎看不到,而薄纸上的依稀可见呢? 然后再换成紫色水笔在薄纸上画,对着光线看,紫线就变黑了。

我们身上的血管就像那根红线,在皮肤厚的地方看不见,在眼睛这种皮肤薄的地方也并不显眼。可是如果整天抱着电脑不放,或者睡眠时间很少,以至于长期作息时间不规律,静脉血流动的速度变慢,眼睛周围的皮肤细胞缺乏足够的氧气,静脉血就变成了紫蓝色,相当于薄纸上那道紫线。照镜子一看,眼圈就黑黑的了,而且很长时间才能恢复眼圈的本色。

还有,眼睛的皮肤相对脸上的其他部位更怕晒,更脆弱,所以夏天出门的时候最好涂防晒霜。不然的话,晒的时间长了,黑色素逐渐沉淀在眼周,久而久之就会形成挥之不去的黑眼圈。

此外,遗传也会导致黑眼圈。有些人天生眼睛周围的皮肤就比邻近部位的皮肤暗。

 探索飞船

寻找一下你周围的带着黑眼圈来上课的同学,问他们一个问题: "是不是最近睡眠不好?" 十有八九会点头。养成良好的睡眠习惯,对改善黑眼圈效果极佳。

为什么人的嘴唇是红色的？

黑龙江省哈尔滨市友协第一小学姜博浩问：

为什么人的嘴唇是红色的？

问题关注指数：★★★

嘴唇是红色的，这个现象地球人都知道啊，可是你要是去问大人为什么，可就难为他们了。他们多半会说："嘴唇本来就是红色的嘛！"

大家都知道，我们身体几乎所有的部位都布满了大小不同的血管，嘴唇部位的血管尤其丰富，布满了最小最细的毛细血管。而因为嘴唇的皮肤特别薄，皮肤下面血液的颜色就能透出来，呈现出漂亮的红色。所以，嘴唇的红色来自我们血液的颜色。

如果你家里养了小猫或小狗，你就会发现，它们的嘴唇也有红色的部分。这是因为猫和狗的血液和我们人类一样，也是红色的。但并不是所有动物的血液都是红色的，比如，有些蚯蚓的血是玫瑰红色，虾是青色，河蚌是蓝色，螃蟹、蛇，还有某种蜗牛是透明的，有的蜘蛛和昆虫是绿色，蚂蚱是微黄色。它们的血的颜色也会影响到体表的颜色。

眼睛和嘴唇是我们表情的最主要的窗口。当你兴奋的时候，嘴唇的红色会格外鲜艳；当你心情不好的时候，嘴唇会有些发暗。唇角上翘，就显出一个笑的表情；唇角下撇，就是哀伤的意思。

嘴唇是健康的窗口

除了情绪传达的功能外，嘴唇的颜色还是身体健康状况的窗口。身体健康的时候，我们的嘴唇红润有光泽，生病的时候就会发生变化，可能变成深红色、紫红色、淡白色、青黑（紫）色。

为什么人的指纹千差万别，而且独一无二？

景行小学韦雁琼同学问：

为什么人的指纹会不一样？

问题关注指数：★★★★

伸出你的双手，十个手指的第一个指节上都有凸起的花纹，这就是指纹。有的指纹呈现为同心圆或螺旋纹线，看上去有点像水里的旋涡，叫"箩"。有的开口延伸出去，叫"簸箕"。把自己的指纹和同学们的比较一下，你会发现每个人"箩"和"簸箕"的数量、位置都不一样。

每个人的指纹都是独一无二的。古代的人们就已经发现了这个规律，他们在签订文书的时候，就常常用拇指蘸了墨汁"摁手印"，算是签字画押。现代，警察在抓罪犯的时候，只要在犯罪现场找到指纹，指纹和嫌疑犯的指纹相符，就可以判断出真正的罪犯了。如果你经常看好莱坞电影，特别是间谍片，你会看到特工进入军事重地时，经过一道道关卡，只要把手指往门口扫描屏上一按，系统通过指纹确认他的身份，门就自动打开了。这是导演的异想天开吗？不是的。因为指纹是独有的，不会重复，用来识别身份有不少优点，所以在现实生活中应用越来越普及。现在公司里使用的指纹考勤机，小区里使用的指纹门禁，还有用在保险柜上的指纹锁，都纷纷出现了。

小小的指纹，还有更大的用处。比如，有指纹的手指比身体其他部位感觉更敏锐；有指纹的手指抓握东西格外牢靠，不容易脱手。

拿上印泥和几张白纸，和你的小伙伴一起做个小游戏。每个人的手蘸上印泥，把手印按在白纸上，比较是不是每个人的手印都不一样。

为什么人会长头发？
为什么有人浓密，有人稀疏？

山东省泗水县实验小学张光辉问：

人为什么会长头发？人的头发一般有多少根？为什么有的人头发多，有的人头发少？

问题关注指数：★★★★

人是从动物进化而来的，进化的过程中身上的毛发逐渐退化，而头顶的毛发对头部有一定的保护作用，所以保留了下来，现在改名叫头发了。

在人的头发根部有一个滋养头发的结构叫毛囊，每个毛囊里会有根数不等的头发，只要毛囊不萎缩，有充足的营养供应，即使头发脱落了，新的头发也会再长出来。如此循环，大约每5年头顶的头发就会全部更新一次。

有人用专门的仪器检测头发的数量，发现人的头发有大约8万~10万根不等，每平方厘米的头皮内平均有150根。有的人头顶无发，即秃顶，有的人头发特别浓密，甚至和胡子相连。科学家曾经对不同肤色的人的头发的数量做过比较。结果发现，白色皮肤的人常常有一头金发，发丝很细，根数多，有的超过10万根。黑色皮肤的人，往往一头棕褐色头发，头发略粗，头发的根数较少，差不多八九万根。

头发多少与毛囊大小成正比。从显微镜下看，大的毛囊会长出三四根头发，小的毛囊只有一根头发。头发的多少与遗传关系密切。从出生时起头发数量就已经确定，到了20~22岁之间，额头的少量头发从前向后逐渐脱落，到一定位置后脱落停止，形成固定的"发际线"。

知识擂台

每天早上梳头的时候数数自己掉了多少根头发，如果每次数都超过100根，说明掉头发的速度太快了。毕竟长头发需要时间，掉得太多、太快会导致头发数量越来越少。

手指划伤出的血是从哪里来的呢，流得多会死吗？

哈尔滨市呼兰区附属实验学校夏劲松同学问：

人的手指让坚硬的物体划伤会出血，但是血是从哪里来的呢？流血过多会死吗？

问题关注指数：★★★★

端详自己的手掌，能看到皮肤下有很多条交错在一起的深色的"线"，那是分布在手上的静脉血管。还有动脉血管，因为分布比较深，肉眼看不见。动脉的分支和静脉的分支交错汇合，逐级分支，血管越来越细，最后变成毛细血管。手指既有毛细血管，也有稍大的血管。如果坚硬的物体碰破手指，这些血管就会出血。手指划伤的时候，可能是稍大些的血管出血，也可能是毛细血管出血。

对正常人而言，手指碰破，即使流血，出血量再多，也不会有生命危险，所以不要惊恐。因为血液中的血小板会使伤口处的血液在短时间内凝固。有一类病人，因为血小板的凝血功能下降，所以只要被划伤，无论轻重，都可能出血不止。这种人出血需要马上送医院治疗，如果抢救不及时会有生命危险。

至于流血过多会不会死，主要看出的血和身体里总血量的比例。总血量可以用体重（千克）×8％的公式计算，比如一个成人体重50千克，总血量大约4升（4000毫升）。如果短时间内出血超过总血量的1/3时（约1300毫升）就会出现脸色苍白、出冷汗、头昏目眩等症状，这是"失血性休克"的典型表现，会有生命危险。如果出血达到总血量的一半（约2000毫升），生命危在旦夕，可能都来不及抢救了。

开心小辞典

什么是血小板？

血小板是血液中最小的细胞。在电子显微镜下看，它的形状有橄榄形、盘状、梭形或者不规则形。它的主要功能是凝血和止血。

人脑细胞的数量
和人头脑聪明与否有关系吗？

哈尔滨市呼兰区附属实验学校李芳菲同学问：

人的脑细胞多少与人头脑聪明有关系吗？

问题关注指数：★★★★★

头脑是否聪明和脑细胞的数量有一定关系，但并不是脑细胞越多越聪明。

脑细胞数量先天决定，出生以后数量就不再增多。在妈妈怀孕两个月时胎儿神经管的前端开始膨大，脑神经细胞从一个变两个，两个变四个……不断分裂增殖；3个月时脑细胞数量猛增，脑组织开始形成。脑细胞以平均每分钟25万个的增长速度增加。到出生时，一个健康的宝宝大约会有100亿个脑神经细胞。从七个月开始，脑细胞的体积增大，出现像树杈一样的分枝，使一个脑细胞与成百上千个脑细胞发生联系。这种"分枝"，也就是脑细胞和脑细胞之间的联系通道，才是决定聪明与否的最重要的因素。这些"分枝"越密集，宝宝的天赋就越好。

后天成长环境对开发智商非常重要。特别是3岁之前，宝宝不断接受各种新奇刺激，脑细胞的突起由少到多，由短到长，和周围更多的细胞建立联系，形成复杂密集的网络，就像一棵小树苗会长成枝繁叶茂的参天大树。网络越庞大，宝宝的智力水平越高。

有趣的是，大脑的开发潜能无可限量。科学家认为正常人脑只有不到10%的细胞被激活。所以，趁现在多看一些书，多一些探索和体验，多锻炼口才，不断地开发大脑潜能，你的发展会前途无量。

知识加油站

智力测验

有的家长望子成龙，会给自己的孩子做个智力测验。我国通常使用韦克斯勒智力量表。这个量表测出来的结果，140分以上可以算作天才；120~139分算优秀；110~119分属中上；90~109分为中等。不过智商不是一成不变的，迷信智力测试是不对的。

在极度紧张的时候人
为什么会打寒战呢？

哈尔滨市道外区南马路小学宋嘉龙同学问：

你们都亲身体验过吧？当极度紧张时我们都会打寒战，为什么？

问题关注指数：★★★★

我们遇到意想不到的事情或者害怕做的事情时，往往会心情紧张。比如，演讲前台词还没记住硬着头皮上台；站在很高的地方往下边看；夜里关着灯独自看恐怖电影。这时你会不由自主地发颤，有时手抖，有时腿抖，俗称腿肚子转筋。

紧张是身体应付外界刺激和困难的一种心理和生理反应。这时，身体会处于高度战备状态。大脑指挥肾上腺大量分泌肾上腺素，使皮肤表面的血管收缩。同时大脑提高交感神经兴奋度，增加身体的肌肉张力，汗腺也分泌更多的汗液。肌肉收缩使汗毛突然竖立，鸡皮疙瘩就起来了。于是身体开始不由自主地发抖，这个信号回传给体温调节中枢，调节身体释放出更多能量。

紧张时打寒战在一定程度上是有益的。这种能量的威力能让人在处于险境时绝处逢生，让人处于窘境时急中生智。

总而言之，极度紧张时我们会不由自主地打寒战，这是由身体的许多器官协同合作才做到的，而且对于摆脱困境有积极的作用。

 探索飞船

什么是肾上腺素？

肾上腺素是身体的一个器官肾上腺分泌的，它就位于腰的位置。肾上腺素不光能令身体在紧张的时候发颤，还能令心跳加快、血压升高、呼吸加速、注意力集中、睡意全无……所以极度紧张会让身体产生连锁反应。

人离开了氧气 为什么不能生存呢？

山东省泗水县实验小学蒋子天同学问:

人离开了氧气为什么不能生存呢?

问题关注指数: ★★★★

首先要澄清一个事实:有些生物没有氧气也可以生存。它们大多属于低等生物。甚至有一些生物畏惧氧气,在氧气充足的地方没法生存,被称为厌氧型生物,比如蛔虫和乳酸菌。另一些生物有没有氧气都能生活,称为兼性厌氧型生物,比如酵母菌。

而土里种的植物,陆地上活动的动物,天上飞的鸟,还有我们人类……这些比较高等的生物没有氧气是无法生存的。科学家们已经证实,正是因为27亿年前地球上大气的氧气突然增多,地球上的生物才能从单细胞生物演变成多细胞的复杂结构,逐渐演变出高等动植物。这是地球生命进化的一个重要转折点。如果看过《侏罗纪公园》,你一定对恐龙那庞大的身躯印象深刻。科学家们认为身形庞大的动物每天需要高浓度的氧气才能生活,充足的氧气是恐龙生存所必需的。6500万年前,地球气候变化、火山活动增加,空气中的氧气含量下降,恐龙按原有的呼吸频率吸收不到足够的氧气,所以无法继续生存。

可见,氧气在高等生物的生命进化繁衍中角色特别重要。没有食物,只靠喝水,人可以生存一个月;没有水,人可以坚持几天;没有氧气,几分钟之内身体就会缺氧,呼吸困难,无法生存。

知识接龙

家里养金鱼的小朋友可以在鱼缸里种一些水草,每天定时给鱼缸光照,让水草产生氧气。金鱼对缺氧的耐受性较差,若浮在水面上萎靡不振,就是严重缺氧了,不及时增氧,就会死掉。

为什么馒头会越嚼越甜?

广东省普宁市流沙第一实验小学陈晓婷同学问:

为什么馒头会越嚼越甜?

问题关注指数: ★ ★ ★

馒头作为中国的传统主食之一,它的口感地域特色明显。一般南方馒头柔软洁白,有甜味;北方馒头弹性良好,有嚼劲。馒头的传统做法是用面粉加水调匀,可放少量糖增加甜味,也可以不放糖通过馒头发酵的过程产生微微甜味。这是因为当面团加入发酵粉后,经过发酵,面团中含有的淀粉被淀粉酶分解成了麦芽糖,用来给酵母提供养分,酵母用不了的麦芽糖就留在馒头中。所以,刚出锅的馒头有微微的甜味。

那么,为什么馒头会越嚼越甜?让我们来做个小实验吧!准备两个玻璃杯,把馒头掰成小块放入其中一个杯子,在馒头上点几滴碘酒,馒头就变成了蓝色。这是因为馒头中的淀粉遇碘变蓝。然后将你口中的唾液吐在另一个杯子里,倒入少许温水稀释,再倒入放有馒头块的杯子。接下来,会发生一个有趣的现象:蓝色馒头又变回馒头本色。这就是因为唾液里的淀粉酶把淀粉分解成麦芽糖了,而麦芽糖遇碘不变色,所以馒头变回了本色。由此,我们可以想象,馒头进入到食道之前、反复咀嚼的过程中,唾液里的淀粉酶逐渐把淀粉转化成麦芽糖,舌头上的味觉感受器自然会感觉到甜味。

什么是酶?

酶是一种很特别的物质,它能起到催化剂的作用,辅助化学反应顺利进行。我们的体内有很多种酶,淀粉酶就是其中的一种。

为什么剪头发、剪指甲的时候不会痛呢？

哈尔滨市安静小学汤羽淇同学问：

剪头发时不会痛，剪指甲也不痛，还不会流血，为什么呢？

问题关注指数：★★★★

假设剪头发会疼的话，那走进美发店一定是此起彼伏痛苦的呻吟声音。假设剪指甲会疼的话，美甲店也会乱作一团。当然，这是玩笑。因为所有的人剪头发剪指甲都不会疼。

在显微镜下看，头发的结构分为三层，这三层都是由角化细胞组成的，没有神经和血管，所以，它们不知道何为疼痛。头发之所以会生长，是因为它的根部（毛囊）长在头皮里，从头皮吸收营养进行分裂，新分裂出来的细胞把老的细胞往外"推"，这样从外观上看头发"长"长了。

指甲的情况和头发颇为相似。指甲表面也有和头发一样的角质层结构，角质层一层一层紧密排列在一起，它也不是活着的细胞，只是一种质地硬硬的蛋白质。同样，指甲里面也没有神经，所以剪指甲不会痛。

另外，在指甲下面是甲床，甲床上有很多毛细血管，所以你的十个指甲被甲床滋养的部分是粉色的。长出甲床的部分则是白颜色的，和粉色部分区分得很清晰。白色部分是死亡的细胞，没有毛细血管。每次剪指甲的时候只是把这部分剪掉，所以不会流血。当然，如果把指甲剪得很深，不小心剪到肉上了，也就是甲床上，就会出血了，而且会有疼痛感。

联想快车

拔下一根头发，仔细观察。它好像线一样，有趣的是这条线从发根到发梢顺着捋感觉滑，而从发梢到发根逆着捋就会感觉涩。这是因为头发最外面包裹着像鱼鳞一样的角质层，所以逆着捋会感觉有阻力。

多吃小食品
为什么不好？

山东省泗水县实验小学王萌萌问：

妈妈总说吃零食不好，可是为什么不好呢？

问题关注指数：★★★

一日三餐，早餐、中餐和晚餐按时吃，是身体健康的重要法则。现在市场上卖的小食品很丰富，包装花哨，味道也诱人，一些嘴馋的孩子不分时间地吃，健康的就餐规律就打乱了。比如，午饭前吃了很多薯片，午餐自然就吃不下，没等到晚餐时间，肚子就饿了，嘴一馋，又是一包小食品下肚，结果晚餐也吃不好。

零食本身的营养有限，很多同学以零食为早餐，很容易造成营养不足。我们最熟悉的膨化食品，像炸薯片、膨化饼干、麦圈、雪饼，虽然酥脆可口，但是从食品的营养配方看，大部分是淀粉类和油类，都属于高热能食物。特别是油炸的膨化食品，吃得越多就越容易变成小胖子。大量的调查表明：常吃零食的孩子不如少吃零食的孩子身体素质好。

另外，小食品常含有各种添加剂。下次吃小食品的时候，一定看看包装上的食品配料表。你会发现各种陌生的化学名词，如苯甲酸钠、山梨酸钾、食用香精、丙烯酰胺、焦糖色素等等。含有这些成分的食物如果吃得多了，这些成分在身体里积聚下来，对身体一定不好。

所以，一定不要让小食品替代正餐，特别是蔬菜。

最佳三餐时间

早餐，7～8点；午餐12～13点；晚餐，17～19点。

胆结石病人身体里的石头是怎么跑到身体里的呢?

山东省泗水县实验小学张景春同学问:

胆结石病人身体里怎么会有石头?石头是怎样到身体里去的?

问题关注指数:★★★★

很多病人习惯性地称胆结石为石头,因为颜色、形状、重量、质地都很像石头。它在身体里有时有一两个,有时有一大堆。

那么石头是怎么到身体里去的呢?从嘴里、鼻子里或者从皮肤的伤口跑进去的吗?不是的,这些石头是在胆囊里或者胆囊相连的管道里形成的。胆囊俗称"苦胆"是浓缩和贮存胆汁的场所,这些胆汁本来是供给肠道消化食物用的,可如果胆汁分泌过多,用不完的胆汁就会淤积在胆囊里。时间一长,就像海水在岸上晒着会晒出盐粒来一样,原来是液体的胆汁结晶成固体,就形成了胆固醇结石。

还有一种情况,是肚子里有蛔虫,蛔虫在肚子里不老实,见孔就钻,顺着胆管道往胆囊里钻,还把肠道里的细菌带进了胆囊。胆囊哪里受得了这个刺激,于是就发炎,胆汁里的胆红素沉淀下来,一层层包裹着虫卵或者别的异物,逐渐变大,就形成了胆色素结石。

除了胆固醇结石和胆色素结石,还有一种混合性结石。混合性结石是前两种原因共同作用形成的。

绝大多数人得胆结石是因为生活习惯不好,如体形肥胖又不爱运动,喜欢大鱼大肉又暴饮暴食等,一旦胆囊或胆道有感染迹象,石头就悄然形成,日久天长就会从小石子变成大石头。

什么是胆固醇?

胆固醇是人体不可缺少的营养物质。在食物中动物性食物胆固醇含量多,如蛋黄、动物的脑、动物的肝肾等。完全不吃胆固醇,身体抵抗力会下降,而长期大量吃,患心脏病的概率又会增加,所以要适量摄入。

口香糖是谁发明的？
常吃口香糖健康吗？

哈尔滨公园小学李卓同学问：

常吃口香糖对人体到底有益吗？口香糖是什么人发明的，在什么情况下发明的？

问题关注指数：★★★★

口香糖是世界上最古老的糖果之一。世界上最古老、最原始的"口香糖"出现在5000年前，它是由白桦树皮做成的。而现代意义上的口香糖起源于美洲大陆。发明人是英国商人托马斯·亚当斯。亚当斯因为看到几个孩子津津有味地嚼石蜡，灵机一动，用树胶制成口香糖，被称为"亚当斯的纽约口香糖"，推向市场后，很快风靡全世界。

口香糖对人体有好处，也有坏处。

益处在于它可以清新口气。如果吃了葱姜蒜怕嘴里有异味，嚼口香糖可以有效掩盖口腔异味；它可以帮助清洁口腔与牙齿。经常嚼口香糖可以使唾液分泌增加，唾液能冲洗口腔表面，清洁口腔。口香糖黏黏的，在咀嚼过程中也能黏掉牙齿表面的食物残渣，清洁牙齿。有人嚼口香糖是为了缓解焦虑情绪，减轻心理压力，研究证明这样做确实有一定效果，比如NBA赛场上，有的运动员就嚼口香糖不停嘴。

长时间嚼口香糖的坏处是可能导致龋齿（龋qǔ）。很多口香糖含有糖分，会导致细菌大量繁殖并腐蚀牙齿，出现龋齿（俗称虫牙）。专家给出的对策是，建议大家选择咀嚼含有木糖醇的口香糖，能有效抑制龋齿的形成。

什么是木糖醇？

木糖醇酷似蔗糖，甜甜的。你能买到的木糖醇是用玉米芯、甘蔗渣等农作物加工制成的，天然健康。木糖醇是蔗糖的替代品，是防龋齿的良好甜味剂。

为什么每天一定要吃早餐，不吃会变胖吗？

河南省安阳市红庙街小学杨弼清同学问：

为什么早餐很重要？不吃早饭为什么会胖？

问题关注指数：★★★★★

你是每天吃早餐呢？还是偶尔吃？还是从来不吃？如果是从来不吃，或是偶尔吃，那就需要改一改了。因为早饭是大脑活动的能量之源，上午又是一天中大脑活动最活跃的时刻。想象一下，你早上懒洋洋地起床，妈妈已经把面包、鸡蛋、牛奶送到你面前，可是长期养成的"坏习惯"让胃不能按时给你信号"我饿了"，于是你很敷衍地吃了两口就上学了。第一节课还能应付；第二节课开始走神；第三节课感觉疲倦；第四节课肠胃开始"造反"，肚子咕咕叫，哪还有心思听讲。长此以往，上午胃要忍受饥饿的煎熬，午餐暴饮暴食，这样的恶性循环不仅会得胃炎，还可能演变成胃溃疡。

不吃早饭会引起肥胖。英国曾经做过1.5万名5岁儿童的体重调查，结果发现，体重超标的儿童中不吃早饭的人数比吃早饭的多出一倍。因为不吃早饭的儿童往往会在午餐、晚餐甚至不定时的加餐中吃掉更多的食物，身体自然会在不知不觉中发胖。你知道吗？日本的相扑选手给自己增肥的办法之一，就是不吃早餐只吃午餐和晚餐。

所以早餐很重要，养成每天按时吃早饭的好习惯一生受益。建议早餐既要有谷物食品，也要有含蛋白质丰富的食物，有干的有稀的，有主食有副食，经常变换花样，能促进食欲，还能营养均衡。

推荐食谱

一顿最简单的营养早餐包括：一杯牛奶、一个鸡蛋、一两片面包、一个水果。牛奶也可以换成鲜榨果汁。

49

做梦会不会影响休息?
人做的梦会变成现实吗?

哈尔滨市南市小学姜仲尧问:

做梦会不会影响休息,人做的梦会变成现实吗?

问题关注指数: ★★★★

梦,是睡眠过程中最生动有趣又最不可思议的环节,几乎所有的人都做过梦,但是有些梦,醒来时却不记得了。

一个睡眠周期包括五个阶段:第一阶段是睡眠的开始,感觉昏昏欲睡;第二阶段开始正式睡眠,属于浅睡阶段;第三和第四阶段是沉睡阶段,此时不易被叫醒;第五阶段即快速眼动睡眠阶段,通常会有翻身等动作,很容易惊醒,眼球会快速左右上下运动,而且通常伴随栩栩如生的梦境。在快速眼动睡眠阶段醒来比较容易记得刚做过的梦,而在其他睡眠阶段醒来则不容易记起。也就是说,做梦的时候其实也在休息,所以做梦是不会影响休息的。

俗话说"日有所思,夜有所梦"。不管是美梦还是噩梦,内容总是跟做梦者以往的生活经历和近期的思想状态有关。比如白天思念某个人,晚上就梦见这个人了;白天做了错事,夜里梦见被老师发现……也有人梦见自己考试不及格,醒来后通过努力学习通过了考试。

有人做过这样一个实验:在一个人做着梦的时候把他叫醒,结果他的感觉就像是没睡一样。如果反复几次在梦中被唤醒,他会情绪低落,记忆力下降,甚至出现心理障碍。所以说,梦不是多余的。

吃油炸食品
为什么会使人发胖？

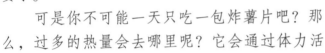

哈尔滨市道外区南马路小学任泓宣同学问：

妈妈总是让我少吃炸薯条，说多吃会变胖，这是在吓唬我吗？

问题关注指数：★★★★★

　　食物经过煎、炸、烤等烹饪方法后，酥脆可口、香气扑鼻。即使你不感觉饿，也难以抵御住诱惑，转眼间就把它吃得干干净净。可想而知，油炸食品给身体带来了大量的热量，比如一包500克炸薯片的热量约1500千卡，这么多热量差不多可以满足一个成年人全天的生理需要了。

　　可是你不可能一天只吃一包炸薯片吧？那么，过多的热量会去哪里呢？它会通过体力活动，如走路、跑步、打球消耗掉一部分。消耗不了的热量就只能以脂肪的形式储存在身体里，日久天长不断累积，你就会变成一个小胖墩儿。这就是吃油炸食品引起肥胖的主要原因——过量食用油炸食品，导致营养失衡，摄取的热量过多，引起身体里脂肪积累过多。特别是如果父母也胖，那么孩子发胖的可能性更大。

　　油炸食品使人发胖还有一个途径：反式脂肪酸。口感很香、脆、滑的多油食物会含有这种物质，特别是经180℃以上高温长时间加热的油炸、油煎食物，加热时间越长，产生的反式脂肪酸就越多。它很难被身体消化，很容易在腹部积累导致肥胖。长期、过量食用，会影响正常的代谢，使血液中的血脂升高，并且严重危害健康。所以为了健康，油炸食品必须少吃。

什么是标准体重？

　　7～16岁的儿童标准体重（千克）＝年龄×2+8，超过标准体重20%～30%是轻度肥胖；超过40%～50%是中度肥胖；超过50%以上是重度肥胖。

A型血不能输给B型血的人吗？ 为什么输血前要先验血？

哈师大呼兰实验学校高原泽同学问：

不同血型的人为什么不能输血并且要先验血？

问题关注指数：★ ★ ★ ★

输血前要在手指上扎一下，这是为了验血、测血型，判断输血是否安全。在输血技术发展的过程中，人们发现相同血型的人之间输血可以挽救生命，而不同血型的人之间输血，搞不好反而生命不保。

16世纪时，人们在狗之间输血，狗活下来了。后来人们尝试用羊血给两位病人输血，结果一位症状好转，另一位不幸去世。从此人们对输血产生恐惧。150年后，英国妇产科医生布伦德尔认为用动物血给人输血有危险，开始尝试人之间输血，但那时谁也不知道人的血液有不同血型之分。1818年，他给一位产后大出血的产妇输血，挽救了她的生命。这是人类历史上成功输血的第一例。接下来，成功例子层出不穷，但失败例子也接二连三。到了1900年，奥地利医生、病理学家卡尔·兰德斯坦纳终于揭开了谜底：人的血清中存在凝集素，只要输血者和被输血者的血液配型不符，凝集素就会把被输血者的红细胞凝集成絮状的团，这样的输血当然救不了命。1901年，兰德斯坦纳正式宣布：人类有三种血型，A型、B型、O型。1902年又发现了第四种血型AB型。

此后，医学界公认，为保证输血安全，只有血型相合的人之间才能进行输血，同时在输血之前还要做个交叉配血试验，以确保万全。

你知道自己是什么血型吗？爸爸妈妈是什么血型？找一找它们之间的规律吧。

为什么耳朵可以听到各种各样的声音？

广州市惠福西路小学王洁微同学问：

耳朵为什么可以听声音？

问题关注指数：★★★

耳朵包括外耳、中耳和内耳三部分，从耳朵眼儿往里看，看不到头，因为耳朵眼儿是"S"状弯曲的管道，揪住耳郭（就是耳朵支棱在头两边的部分）向后上方提起可以把耳朵眼儿拉直，看到大约3厘米处有一块白膜，那是鼓膜。声音是一种波，可以在空气、液体、固体中传播。左右两侧对称的耳郭可以收集到声音，通过耳朵眼儿传到鼓膜。如果把手作杯状放在耳后，你能明显感觉到拢住了更多的声音，听到的声音更响亮。当声音传到鼓膜时，则引起鼓膜振动。

中耳和内耳我们看不到，它们结构更精细，位于鼓膜后面。中耳内有一个空腔，里面有3块身体中最小的骨头，名为听小骨，它们悬在空腔里。当鼓膜振动，这3块听小骨就像击鼓传花一样，做活塞式移动，在移动的过程中声音的强度又被增强。声音接着从中耳传到内耳。内耳里面有一个重要的结构叫作耳蜗。耳蜗的形状很像在海滩上捡到的海螺。耳蜗内有一些形似绒毛的细胞。这些细胞上有听觉神经的末梢，可以感应到声音。然后，听觉神经形成神经刺激，把声音信息传给大脑的听觉中枢，大脑就会知道："嗯，这是鸟鸣！""这是汽车喇叭声！""这是贝多芬的第六交响曲！"

在光线好的地方，将耳郭向后上方提起，耳朵眼儿里会看到淡黄色黏稠的东西，学名耵聍（dīng níng），俗称耳屎。它的作用是保护皮肤，粘住外来的小虫、灰尘等。耵聍过多会影响听力。

喝完汽水以后

为什么会打嗝？

广州市惠福西路小学赵婕同学问：

喝完汽水以后为什么会打嗝？

问题关注指数：★★★

制作汽水的主要原料是碳酸氢钠和柠檬酸。碳酸氢钠和柠檬酸在一起会发生化学反应，产生二氧化碳气体。瓶子没开盖的时候，气体部分被压缩进瓶子里，部分溶解在水里。你会看到汽水里有许多小泡泡，就是二氧化碳。

当汽水瓶打开时，由于瓶外的气压比瓶内的气压低，一部分二氧化碳气体就会冲出来。同时，溶解在水中、没来得及挥发的二氧化碳，连同汽水被你大口大口喝进嘴里，气体就从嘴里顺着食道进入到胃，在胃里越积越多。胃的空间有限，消化道又不能吸收这些气体，于是随着胃的蠕动，容纳不下的气体上升，从原路返回，到嗓子眼儿被阻拦。等到上升的二氧化碳气体在嗓子眼儿越积越多，产生的压力积累到一定程度，一下子冲出来，嘴顺势张开，开始打嗝。通常打一个嗝不足以让所有多余的气体跑出来，所以喝完汽水以后往往接二连三地打嗝。

所以，喝完汽水以后打嗝是正常现象。如果汽水开瓶以后等一段时间再喝，二氧化碳气体已经跑到空气里了，喝完汽水后胃里没有那么多的气体，也就不会打嗝了。

知识擂台

把汽水加热，加热的过程中能看见汽水里的小泡泡大量破裂，稍稍加热的汽水喝了就不会打嗝，因为一加热，二氧化碳就从汽水里跑出来了。

小孩儿为什么会换牙？

广州市惠福西路小学谭子杰同学问：

人为什么会换牙？换牙有什么好处？

问题关注指数：★★★★★

儿童在6岁以前一般有乳牙20颗，到6岁时开始换牙。换牙的规律是左右对称，先下后上，从中间到两边。第一颗乳牙（门牙）在6岁前后自然脱落，紧接着是上排的乳上中切牙。8岁前后门牙两边的乳侧切牙脱落，10岁前后第一乳磨牙脱落，11~12岁第二乳磨牙脱落和乳尖牙脱落。

乳牙脱落后，恒牙长出来。6岁前后，第一颗恒牙紧靠最后一个乳磨牙旁边的牙槽里长出，叫恒磨牙。紧接着，伴随乳下中切牙的脱落，恒下中切牙长出。七八岁时恒上中切牙长出，恒下侧切牙长出。八九岁时恒上侧切牙长出。10~12岁时第一、二前磨牙长出，随后恒尖牙长出。到了12岁左右，20颗乳牙全部脱落换上恒牙。到了18岁时长出第二恒磨牙。而第三恒磨牙的萌出因人而异，有的24~25岁才长出，有的终身不长。所以成人共有28~32颗牙齿。

和乳牙相比，恒牙更坚硬。随着身体成长，对营养有更全面的需求，吃的食物种类丰富，乳牙嚼起来费劲，必须用结实的恒牙才行。恒牙既可以切割食物，撕裂食物，还可以研磨和粉碎食物。

换牙和身体发育有关。随着颌骨长大，20颗乳牙在嘴里显得越来越稀疏，留下很大的缝隙，必须换上体积大、数量多的恒牙才能重新严丝合缝地排列在牙槽里。

换牙还和乳牙本身的缺点有关。乳牙不耐磨、容易损伤。而恒牙只要保护得好，到了八九十岁也可以一颗不掉。

什么是矫正牙齿？

如果乳牙的排列不整齐，乳牙全部脱落、换上恒牙的时候是矫正牙齿的最佳时机。口腔医生用金属托槽，让新长出来的恒牙排列整齐。

皮肤的小伤口不治也能愈合，这是为什么？

普宁市流沙第一实验小学廖领阳同学问：

人皮肤上的伤口为什么能自动愈合？

问题关注指数：★★★★

武侠电影里经常能看到这样的画面：主人公被敌人刺破皮肤，皮肤上留下深深的伤痕，他通过修炼内功，一会儿工夫伤口就神奇地修复了。其实，你的皮肤同样有如此能力。

皮肤一旦划伤出血，血液中的血小板就聚集起来堵住血管破裂的地方，这样很快就能止血；血液里的白细胞也努力地和侵入伤口的病菌战斗，防止病菌大量繁殖导致感染；伤口边缘的细胞也行动起来，分裂和再生速度大大加快，好替代那些死去的细胞。这样，几个小时后，伤口边缘就泛红发炎，有透明的液体渗出。再过些时间，伤口开始收缩。

小而浅的伤口，大概一周左右就可以愈合。稍大一些的伤口，先收缩成一条白线，即疤痕。再过一段时间，皮肤有能力完全吸收疤痕，伤口的自动痊愈过程就此完毕。偏大偏深的伤口，约48小时后伤口处开始生长红红的嫩肉，像肉芽一样，这就是新生细胞占据破口的位置，重建新的皮肤。有的会在表面形成黑褐色硬痂，在硬痂下完成新生细胞的修复。等嫩肉长成，痂就会自动脱落。但是大而深的伤口，很可能有细菌感染，就需要借助医生的力量，进行消毒并清理、缝合伤口，然后皮肤的自我修复系统就能快速启动。

开心小辞典

表皮生长因子

表皮生长因子是导致伤口皮肤自动痊愈的"功臣"。皮肤受伤时它们自动集结在伤口周围，促使皮肤的细胞分裂产生新的细胞，取代死亡的细胞。人老了以后，表皮生长因子数量减少，皮肤就不大容易自愈了。

人为什么会有错觉？

柳州市第十六中学彭伟同学问：

有的时候，我会把一些东西看错，妈妈说那是错觉。人为什么会有错觉？

问题关注指数：★★★★

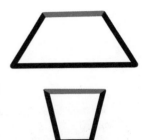

不知你注意过没有，一大早刚升起的太阳比中午挂在头顶的时候看起来大。这就是错觉的一种——视 错觉。当你掂量一公斤棉花和一公斤铁块时，你会感到铁块重，这是形重错觉。快乐时光过得快，无聊的日子特别难熬，这是时间错觉。再比如这两个梯形：一眼看去，红色线段是不是比蓝色线段长呢？再用尺子量一量，你会发现其实一样长。这是图形错觉。

引起错觉的原因很多。外界昏暗模糊、只看到物体一星半点的轮廓，视力或听力不好，害怕焦急、自我想象和暗示，这些原因都能引起错觉。健康人也会出现错觉，但人们可以自我矫正。错觉在艺术上、技术上以及军事上也有积极作用，我们可以利用错觉为生活服务。电影摄制中，摄影师用移动布景的方法，让观众感觉车真的在前行。宇宙航天上也利用错觉原理，建造一些模型训练航天员。军事上的各种伪装等，也都和错觉有一定关系。

生活中还有很多种错觉的事例，很有趣，自己去收集一些，和同学们交流吧。

人为什么会死？
能制造不死药吗？

河南省安阳市红庙街小学肖晨彤同学问：

人为什么会死？能不能制造一种不死的药呢？

问题关注指数：★★★★★

死亡是每个人必须面对的事情。没有死亡，就无法理解生命；理解了死亡，就懂得珍爱生命。

有的人因生病离世，有的人因衰老而离世，还有的人因为各种意外或者自然灾害离世。没有不死药能让人长生不老，也没有十全十美的办法能让人避开各种灾祸。在大多数情况下，人们只能面对生命中的无奈。

死亡是一种自然规律，是一切有生命生物个体的必然归宿。生命需要新陈代谢，生物体会不断产生新的部分来替代旧的部分。你可能会奇怪：我没有感觉长出什么新的器官呀！那是因为，这个过程是由细胞完成的，肉眼看不到。

人年轻时新陈代谢旺盛，年老时代谢变缓。新细胞的制造速度慢了，身体就会出现各种老化迹象，比如头发白了，眼睛花了，皱纹多了，疾病多了。当新细胞的制造速度赶不上老细胞死亡的速度，各个器官罢工的时候，就是面临死亡的时刻。那时身体不能自主呼吸，机体没有了氧气供应，心脏不再跳动，大脑功能完全丧失。

人死后会怎样呢？人作为自然界的一部分，死后身体化为尘土，回到大自然中去。但是，一生中做过的好事还会被人提起，完成的事业还会被人怀念。所以，思考死亡的最大意义就是提醒自己珍惜生命。

知识接龙

怎样断定人已经死亡呢？

以前，人们习惯上把呼吸停止、心脏不再跳动作为死亡标准。后来由于医疗技术的进步，大脑已经死亡的人依靠人工设施仍能维持呼吸和心跳，可是这样的病人已经不可能"活"过来。所以现在就把死亡标准改为"脑死亡"。

为什么鼻子有两个孔，还会流鼻血，感冒时会鼻塞？

广州市惠福西路小学李莹莹同学问：

为什么鼻子有两个孔，而不是四个或一个？鼻子为什么会流血？感冒时为什么鼻子不通气？

问题关注指数：★★★★★

大家都知道鼻孔负责吸入氧气，呼出二氧化碳。呼吸过程中，两个鼻孔可以轮换休息。如果一个鼻孔不通，另一个就得多辛苦些。研究显示一个鼻孔工作持续3小时就会出现疲劳感。所以人只有一个鼻孔是不能满足身体需要的。人为什么不会长4个鼻孔呢？还真有人研究过这个问题。他们从陆地动物的原始祖先——鱼类得到启发，鱼的头部就长着两对鼻孔，前面一对，后面一对。于是就有了这样的猜测：在人类进化中，有两个鼻孔逐渐退化，缩到了靠近喉咙的地方，和口腔相通，从鼻子吸进来的空气就从这个通道进入气管和肺。

鼻子里面，是一个四壁黏黏的洞，叫鼻腔，黏黏的东西是鼻腔黏膜。这个黏膜上有负责闻气味的细胞。鼻腔的靠外一头，也就是鼻头的位置，血管比较集中，黏膜很薄，抠鼻孔的时候稍微使点劲就会出血。鼻腔的另外一头，也就是鼻腔和口腔连通的地方，血管也比较多，稍微轻一点的刺激就能让它流血。

感冒的时候，一方面血管扩张导致鼻腔变窄，另一方面浓浓的分泌物可能把鼻孔堵得很严实。这时候只能用嘴来呼吸，时间久了容易得咽喉炎，所以感冒时鼻子不通气很难受。而且，鼻子不通气时，嗅觉细胞也不能发挥作用。饭很香，但闻不到，也就不会引起食欲。

什么是"危险三角区"？

通常指人脸部两侧口角至鼻根连线所形成的三角形区域。三角区以内的粉刺，切勿挤压或挑刺，以免造成感染，引起严重的后果。

为什么冰激凌不能多吃？

普宁市流沙第一实验小学黄逸慧同学问：

为什么吃冰激凌要适可而止？

问题关注指数：★★★★★

冰激凌很好吃，有的孩子吃起来没有节制，这样可不好。冰激凌的温度一般在0℃左右，而人的正常体温是37℃，如此悬殊的温差对人的肠胃是一种不小的刺激。胃壁的血管会下意识地收缩，可能出现突发性胃痉挛。

饭前饭后、早晚吃冰激凌尤其不好。饭前吃冰激凌会降低食欲，妈妈做的香喷喷的饭菜也吃不下了。饭后吃的话，冰激凌在胃里融化后会冲淡胃酸，导致食物不能很好消化。早上吃冰激凌，冰冷的刺激会伤到胃黏膜。晚上吃呢，胃本来已经打算休息了，但这时冰冷的刺激打乱了胃的作息规律。

体质弱的孩子没有节制地吃冰激凌身体会更瘦，而有一些胖孩子吃了又会更胖。专家认为，这种胖是一种虚胖。因为所有的冰激凌都离不开一种物质——脂肪。冰激凌是用奶油、人造奶油或者精炼植物油等调制出来的，还需要加入甜味剂，大多是蔗糖、淀粉糖浆、葡萄糖等。可见，冰激凌是高脂肪、高糖的食品。脂肪在身体里不断地蓄积，身体会像吹气球一样胖起来。胖是胖了，可体力没增加，身体还很容易疲劳。肌肉非但不结实，摸起来松松垮垮的，一看就是不健康的虚胖。还有，吃的糖分过多，可能被糖尿病缠上。总之，大量吃冰激凌会给身体埋下隐患，应当适可而止。

自制冰激凌——杧果酸奶冰激凌

选软一点的杧果，对半切开，把果肉切成小丁。取一只杯子，将酸奶和杧果丁倒入，放入冰箱冷冻1小时，制作完毕。

为什么春天会觉得很困、很累呢？

河南省安阳市红庙街小学陈鑫语同学问：

为什么春天容易犯困，容易觉得累呢？

问题关注指数：★★★★★

俗话说，"春困秋乏夏打盹儿"。这是身体随着一年四季气候的变化而产生的生理反应。

冬天的时候，因为气候寒冷，人体为了度过冬天做了一系列的调整，皮肤的毛细血管尽量收缩，汗腺和毛孔也闭合起来，以减少热量的散发。到了春天，气温升高了，毛孔、汗腺、血管开始舒张，身体的新陈代谢加快，人的活动量也大了，这些都需要较多的血液和氧气供应，相应地供给大脑的血液、氧气就会减少。因而人们就会感到困倦思睡，总觉得睡不够。如果遇上细雨蒙蒙的天气，空气流通缓慢，皮肤的毛孔虽然扩张，但是空气湿度大，汗排不出来，身体的湿热积聚在体内难以排出。这时也特别容易犯困，浑身懒洋洋的，没精打采。

夏天是生命活动最旺盛的季节，我们的不少器官都在超负荷运转，而且因为天热，总是睡不好。等到秋天到来的时候，秋高气爽，不冷不热，我们的身体就打算多休息一下，顺便为即将到来的寒冬储备能量。所以，"春困秋乏夏打盹"是有一定原因的，并不完全是心理上的原因。

春季抗疲劳的小窍门

榛子、核桃、杏仁等干果能为身体补充能量，可以带一小包在书包里，感觉累了就吃一些。

我想知道大脑的秘密，它为什么可以控制我们的行为？

哈师大呼兰实验学校曹翩翩同学问：

人体大脑有什么秘密？为什么大脑可以控制我们的行为？

问题关注指数：★★★★

准确点说，我们的身体不是由大脑控制，而是由神经系统控制的。神经系统包括中枢神经系统和周围神经系统。中枢神经系统包括脑和脊髓。

周围神经系统散布在我们全身，小神经连着大神经，连成了一张大网。大神经聚成一缕缕，连到脊髓上去。脊髓就在脊椎（也就是脊梁骨）里面的洞洞里。我们知道，脊梁骨是在脖子那个地方和脑袋连着的，脊髓也一样，它和脑的最下端——脑干连在一起。脑干、小脑、间脑、大脑（学名端脑）合称脑。如果把脑比作司令部的话，大脑就是司令员，但司令员不能把所有的事都管起来，只能管最要紧的事，其他的事由脑干、小脑等指挥周围神经系统完成。

具体说，是散布在全身各处的大小神经，收集了视觉、听觉、触觉等各种信息，上报给中枢神经系统，中枢神经系统又把命令传达下来，由这些大小神经执行。最简单的事务，如膝跳反射，脊髓就可以处理了。复杂一点的事务，如协调身体的运动，由小脑处理；眨眼、呼吸、吞咽，由脑干处理；间脑负责把身体各个部分上报的感觉信息综合整理，再上报给大脑。最复杂的事务由大脑来解决，决策、策划、创意都要指望它。大脑蕴藏着无穷的秘密，科学家目前所发现的只是冰山一角。

大脑能下命令给内脏吗？

大脑管不了心肺肝脾肾这些内脏器官。内脏里也有神经系统，受伤的时候会感觉疼。这个神经系统叫自主神经系统，也叫植物神经系统，负责管理内脏的正常运转，它的最高领导是脊髓，就是大脑也不能越级指挥它。

为什么动物的基因不能移植到人的身上？

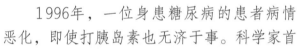

广西省柳州市实验小学陈仕林同学问：

为什么动物的基因不能移植到人的身上？

问题关注指数：★★★★★

对于这个问题，科学家争议颇多。一派认为，动物的基因不能移植到人的身上。因为动物和人具有完全不同的进化轨迹，基因存在截然不同的差异，移植后身体必然出现排异反应。而另一派认为，把动物的细胞、动物的器官，乃至动物的基因移植给人是可行的，而且不远的将来有望在医院大范围推广。

1996年，一位身患糖尿病的患者病情恶化，即使打胰岛素也无济于事。科学家首次尝试给他植入了猪细胞，让猪细胞不断地分泌猪胰岛素。10年过去了，他健康地活着。试验成功给科学家建立了信心。现代科学可以把动物基因中的一部分去除，换上人的基因，经过改造的动物基因再移植给人，人就不会发生排异反应了。尽管试验有了一些突破性进展，但还有很多问题摆在眼前。何况，基因的移植风险性更大，也许移植后的几天、几十天人的身体没有任何不良反应，但谁能预料几年、几十年后，乃至下一代、子子孙孙，动物的基因会不会对人身体里本来健康的基因产生强有力的破坏作用呢？而且，把动物基因移植给人还可能产生社会伦理问题。慎重起见，有不少国家明文规定，不得将动物的基因移植到人体上，不得做人体的临床试验。

什么是排异反应？

所谓排异，就是人的身体对不认识的外来基因或器官不适应，认为是敌人，不惜代价想要消灭它，以致做出毁灭性的举动。

为什么多吃
新鲜蔬菜好？

河南省安阳市红庙街小学杨弼清同学问：

为什么多吃新鲜蔬菜好？

问题关注指数：★★★★★

谈到饮食，有一个"膳食营养金字塔"的理论。它强调，膳食要由多种天然食物组成，才能提供身体需要的各种营养，避免营养过剩。它底层大、上层小，一层接一层阶梯式逐层缩小，每层都有不同的食物。一看便知哪些食物该多吃，哪些食物该少吃。

目前最权威的膳食营养金字塔是五层结构，从下往上第一层是谷物，第二层是新鲜蔬菜和水果，第三层是肉类，第四层是豆类，第五层是调味品等。可见新鲜蔬菜在饮食结构中的比例很大，每天要尽可能多吃。营养专家建议每天吃400~800克新鲜蔬菜和水果，其中绿色蔬菜像油菜、菠菜、西兰花等最好能吃200~300克。1997年公布的《中国居民膳食指南》修订版，明确强调要多吃蔬菜、水果和薯类，吃清洁卫生、不变质的食物。

蔬菜能提供健康必需的维生素和矿物质，能提供膳食纤维。比如芹菜富含粗纤维，人称"身体清道夫"，可以有力地清除身体里代谢不掉的垃圾。另外，有一个有趣的公式：营养＝新鲜＋颜色。新鲜的黄瓜色泽嫩绿，放久了颜色就没那么鲜亮了。放得时间再久，还会发霉、腐烂。已经发霉、腐烂的菜是坚决不能吃的。而吃了不太新鲜的蔬菜，即使吃得很多，也只能说"吃饱了"，不能说"吃好了"。

开心小辞典

什么是维生素？

它是维持人体生命活动必需的一类有机物质。维生素在体内的含量很少，但不可或缺，对健康的影响很大。

饮水机的水总被反复煮开，
是不是不宜多喝？

普宁市流沙第一实验小学连伟栋同学问：

为什么反复煮开的水不宜多喝？

问题关注指数：★★★★★

水看似纯净，其实含有一些肉眼看不见的有害成分。反复煮过的水，因为水分不断蒸发，有害物质的含量相应升高。这些物质对人类健康有威胁，最大的就是亚硝酸盐。

我国推出生活饮用水卫生标准明确规定了亚硝酸盐的含量。如果煮沸一次，含量在规定范围内，对身体不会有任何伤害。把煮沸的水再煮一次，含量是否在规定范围内就很难讲了。因为全国各地的水质不同，有的地方的水亚硝酸盐含量较高，第二次煮沸的过程中，水会蒸发一部分，煮以后水亚硝酸盐含量自然就升高了。如果反复煮个十次八次，亚硝酸盐在水中含量会成倍提升，对身体威胁越来越大。严重的情况，身体会感觉缺氧、呼吸急促、胸口憋闷、嘴唇及指甲呈现紫色，这就是亚硝酸盐中毒反应。

你可能觉得好笑，谁会把一壶水煮沸七八次才喝呢？可饮水机就是这样的。按下加热按钮，水就会加热。饮水机每隔一段时间，就会检测热水罐的水温，只要水温下降，饮水机就会启动加热水的程序。所以，使用饮水机不能偷懒，不想喝水的时候应该关上，等想喝的时候再打开。

所以，就像吃蔬菜要吃新鲜的，喝水同样要喝新鲜的，这样的水才有"营养"。

亚硝酸盐在熏肉、熏肠里含量特别大，所以熏肉、熏肠不能多吃，因为过量摄入亚硝酸盐会致癌。

为什么常看绿色对眼睛有益？

普宁市流沙第一实验小学黄钦锋同学问：

为什么绿色对眼睛有益？

问题关注指数：★★★★★

你知道吗？我们常说的"七色光"——赤橙黄绿青蓝紫，实际上是由三种色彩——红、绿、蓝混合而成的，这三种颜色被称为三原色。三种光的波长不同。红色长于绿色，绿色长于蓝色。而眼睛的视网膜有3种视觉细胞，分别专门负责红、绿、蓝三种颜色。这三种细胞感觉到色彩以后，通过神经把看到的色彩信息传给大脑，眼睛才能"分辨"出颜色。

自然界中绿色象征着生机盎然、清新宁静。绿色的光线因为波长适中，通过眼睛的晶状体时，晶状体不需要调节，恰好聚焦投射到视网膜上，感知绿色的圆锥细胞引起绿神经纤维产生强烈的兴奋，就会产生绿色感觉。而波长较长的红色通过晶状体时，因为波长较长而被聚焦投射在视网膜之前；波长较短的蓝色则被投射在视网膜之后。眼睛如果想看清楚这两种颜色，晶状体必须不断调节，以便让两种颜色恰好投射在视网膜的红蓝圆锥细胞上。可想而知，长时间注视红色、蓝色，眼睛是很累的。而绿色恰恰相反，眼睛不会感觉疲劳。

另外，绿色的光线因为波长适中，不会像红色那样让人感觉刺眼，如果你的眼睛看红色感觉疲劳，可以转移去看绿色的物体，这样就会放松。所以，绿色是公认的能使眼睛休息的色彩。

每天坚持做眼睛保健操，按对穴位时会有酸胀的感觉，注意不要用力过大，手法要舒缓。做完这套操眼睛立刻会觉得很明亮，很舒服。

为什么每个人说话唱歌的声音不一样？

广州市惠福西路小学王洁微同学问：

为什么每个人的声音不一样？

问题关注指数：★★★★★

男人和女人声音不一样，因为男人与女人的声带长度、宽窄有区别。男人的声带长而宽，声音粗而低沉。女人声带短而狭，声音高而细。即使未见其人也很容易辨别说话者的性别。声音还和咽喉的结构有关，与肺的各项检查参数有关，与鼻子的结构有关，与嘴的大小、舌头的长短，甚至脸部的骨骼结构有关，所以每个人的声音都不一样。

至于语言，还会受到学习、生活环境的影响。8个月左右的婴儿叫出第一声"妈妈""爸爸"，并开始模仿各种各样的声音。如果他模仿的声音本身就不标准，长大以后要想把声音扭转成标准声音，就需要下一番功夫。9~12个月宝宝发音的高低、音量、音质初具个性特征。如果宝宝生在南方，他的声音中必然带有南方特有的音调、音律。如果生在北方，声音就会具有北方特色。如果有一天，你离开家去别的国家或者别的城市，你的声音也会"入乡随俗"。

歌要唱得好听，需要学习发声的技巧。世界著名意大利男高音歌唱家帕瓦罗蒂被称为"高音C之王"。他声音丰满、充沛，演唱最挑战男高音功力的高音C更是绝活。能做到世界独一无二，不光因为他有一副与生俱来的好嗓子，更因为他经过严格训练。

总之，一个人的声音是先天和后天因素叠加的结果，完全相同的概率几乎为零。

知识擂台

看过模仿秀吗？有些人模仿明星唱歌、念台词，惟妙惟肖，甚至以假乱真。试一下，在班级晚会上表演给同学们看吧。

为什么人的生命那么短?
为什么不能像海龟一样长寿?

哈尔滨市花园小学史季同学问:

为什么人的生命那么短? 为什么人不像海龟有那么长的寿命?

问题关注指数: ★★★★★

人的生命相对于海龟而言确实很短。有生物学家预言人的最长寿命应该是100~175岁,可实际上活过100岁已是不大不小的奇迹。人和世界上所有的生物一样都有一个固有的"寿限"。

科学家实验发现,人体细胞一生中最多能分裂50次,分裂周期平均是2.4年。50×2.4＝120岁,也就是说,人的寿命上限是120岁。还有一种计算方法,是用性成熟年龄来推算寿命上限。青春期的开始标志着性成熟,一般在14岁前后,而人的自然寿命是性成熟的8~10倍,14×8＝112岁。除了这些自然规律,人的生命还要经受各种各样的考验,环境污染、疾病、生活压力等,所以很少有人能真正"老死",几十年的短暂生命更需珍惜。

人不像海龟,海龟有厚厚的甲壳,可以保护它的安全;海龟嗜睡,一年有将近10个月的冬眠和夏眠,走在路上,它可以边走边睡;海龟的心跳很慢;海龟的呼吸方式很特殊……不仅如此,科学家还发现海龟的细胞繁殖代数可以高达110代。细胞分裂代数越高,寿命越长。

最长寿的海龟

2005年澳大利亚动物园举行了一个特别的庆贺活动,为世界上最长寿的加拉帕戈斯巨龟哈里特过了175岁生日。根据DNA的测定,哈里特应该是在1830年左右出生的。

为什么有人睡觉
打呼噜、说梦话？

广州市海珠区新民六街小学冯碧琪同学问：

人为什么会睡觉？睡觉为什么要闭眼睛？有人睡觉为什么会打呼噜？为什么人工作累了，睡觉时会说梦话？

问题关注指数：★★★★

人一生中大约有1/3的时间在睡觉，睡觉对人至关重要。长期熬夜不睡觉会让人头晕目眩，精神恍惚。睡觉受到身体生物钟的控制，生物钟像日常用的钟表一样，定时告诉身体日出而作，日落而息，并且每天尽量保证8小时的睡眠时间。

"睡眠是天然的补药"，就好比给蓄电池充电一样。大脑、小脑首先得到休息，肝脏有时间排毒，消化器官、呼吸器官得到休整。人需要通过睡眠提高抗病能力，所以人会睡觉。

睡觉时闭眼是对眼睛的保护，防止眼睛表面水分流失。睡醒后睁开眼睛不会感觉眼睛很干涩。

有人睡觉时打呼噜，几乎90%以上的胖人都打呼噜，特别脖子短、下巴小的人。原因是胖人的脖子上肉很多，躺在床上脖子肌肉松弛，脂肪堆积迫使呼吸通道口径变窄，呼吸的气流在咽部受阻，振动咽部的软组织产生共鸣，就产生了呼噜声。

说梦话和大脑的语言中枢有关。如果白天工作、学习压力大，精神紧张，本该休息的大脑在睡眠期间也不踏实，如果刚好语言中枢没睡着，人就会说起梦话。

开心小辞典

梦游

有人在睡觉的时候会梦游。梦游的原理和说梦话差不多。如果在睡眠期间大脑的运动中枢没有休息，人就会梦游，通常是从床上爬起来转悠几圈，再回到床上睡下。

为什么人们的身体会动呢？

西安市何家村小学李梓樵同学问：

为什么人们的身体会动呢？

问题关注指数：★★★

人的身体会动，才能完成每天要做的事情，如吃饭、喝水、穿衣、洗手；身体会动，才能从家到学校去上学；身体会动，才能完成精细动作，如说话、写作业。身体不仅能动，还能按照你的意愿动，这要归功于身体完善的运动系统。

正常人体共有206块骨头，各部位分配合理。一双手有54块骨头，这使得双手成为身体运动最灵活的部位，很多精细动作是手指的骨头、关节、肌肉协同合作的结果，如用筷子夹花生米，用针缝扣子，用一只手嗑瓜子……

骨与骨之间靠关节连接。两臂平举，两臂抬起，两臂向后伸展都要归功于肩关节。而膝关节、踝关节让双腿走路、奔跑、急停、跳跃等动作协调流畅，正因如此，足球场上飒爽英姿的运动员才能合理跑位，带球传球，凌空飞射，以完美的动作进球。

连接骨骼的肌肉组成肌肉群，在大脑的支配下，肌肉收缩舒张带动骨头的运动。即使一个简单的运动也少不了肌肉群参与，有的是完成这个动作的主力，有的协同配合，有的对抗这个动作，综合下来的结果是动作准确到位。

最后，运动是在大脑的支配下。大脑掌控运动的区域越发达，运动就会越灵活。

什么是运动系统？

运动系统由骨头、骨与骨之间的连结、连接骨骼的肌肉组成。在神经支配下，凭借肌肉收缩，牵拉其所附着的骨，以可动的骨连结为枢纽，产生杠杆运动，身体就会动了。

为什么人被火烧到皮肤会火辣辣的疼？

广州市惠福西路小学莫慧敏同学问：

为什么人碰到火会觉得火辣辣的疼？

问题关注指数：★★★★

都说水火无情。人碰到火，即使躲避及时，皮肤也会受到一些伤害，轻则皮肤发红，有疼痛感，用"火辣辣"来形容再恰当不过。烧伤科医生把这种程度的烧伤叫作一度烧伤。更重一级的烧伤称为二度烧伤，皮肤会出现水泡，长水泡的部位有时也会有刺痛的感觉。至于三度烧伤，被火烧到的皮肤创伤面很大，不再是火辣辣的疼而是无法忍受的剧痛。

皮肤是一个很神奇的器官，皮下有肉眼无法看到的痛觉感受器。科学家做过很多试验，研究疼痛的生理机制。当人碰到火时，瞬间皮肤就能感到刺痛，科学家推理，皮肤可能会释放一种致痛物质，这些物质刺激痛觉感受器，神经末梢把痛觉的传导转化成电信号，感觉神经立刻感知，毫不延迟就把这种感觉传给了大脑。

接下来，大脑会把这种感觉分成两种，一种叫快痛，另外一种叫慢痛。快痛的定位很明确，就是皮肤碰到火的地方。大脑会让你觉得这种痛很尖锐，像针扎式的刺痛。而慢痛，疼痛的范围不太明确。两种感觉混合在一起，就变成了火辣辣的疼痛感。

疼痛是人体的一种自我保护机制，它提醒你远离那些可能对你造成伤害的危险。

探索飞船

什么是痛觉感受器？

它们大多位于汗毛孔附近，实际上就是皮肤里丰富的感觉神经的末梢，可以传导疼痛的感觉、触摸的感觉、压力感、热感、冷感……平时它们都处于休息的状态，只有在皮肤受到刺激的时候才开始工作。

为什么人一生气就会脸红？生气的时候，我们的身体里发生了什么？

山东省泗水县实验小学张涛同学问：

为什么人一生气就会脸红？

问题关注指数：★★★

观察一下就知道，人生气的时候会面红耳赤，还会有冒汗、呼吸急促等现象。除了这些现象，还有些不易发觉的身体变化，如心跳加速、血压升高、血糖增高、一些激素分泌异常等。脸红是因为脸部皮肤的表层有很多毛细血管，愤怒时毛细血管扩张，血流加快，所以看起来比平时要红一些。冒汗是因为汗腺紧急"加班"，增加了汗水分泌量。呼吸频率和深度的变化，是为了给血管提供更多的氧气。

可是，生气不是因为情绪变化自然而然出现的吗？为什么会那么复杂，好像排练好了似的？原来，情绪是由很多器官共同营造出来的。神经是传递大脑指令的通路。身体里有两套神经，一套令身体的各个组织器官兴奋，另外一套令其抑制。生气时，大脑会启动前一套神经系统，传达指令到肾上腺（位于肾的上方，左右各一），于是肾上腺分泌一种肾上腺素。血液中的肾上腺素增加，就像摁下了一个神秘的按钮，呼吸频率加快，心跳速度加快，骨骼肌血管扩张，皮肤表层的血管收缩，结果就像我们看到的那样——脸迅速涨红了。

其实，人如果气得到了怒发冲冠的程度，脸何止是红，还会红一阵、青一阵，甚至变得苍白呢。那是因为，气得越厉害，生气的时间越长，肾上腺素的分泌越多，脸部皮肤下分布的血管就会由扩张转为收缩，脸色就会由红变成青，收缩到一定程度，脸就变白了。

知识加油站

不生气，凡事以乐观的心态来对待，是健康的秘籍。

为什么糖吃多了，牙会坏，还会疼？

普宁市流沙第一实验小学罗晓燕同学问：

为什么糖吃多了牙会不好？

问题关注指数：★★★★

爸爸妈妈劝你少吃糖，这绝对是为你好。因为吃糖多会长"虫牙"，学名叫龋齿。糖吃完了如果不及时漱口或者刷牙，口腔中的牙齿表面存在着一些细菌，它会利用糖分发酵产生酸性物质。尽管牙齿相当坚硬，也禁不住酸性物质对牙齿表面的腐蚀。日子一长，牙齿表面脱钙，变软，慢慢就会形成黑黑的牙洞。如不及时解决，再过一段时间牙洞会越来越深，一旦牙齿里面的神经暴露出来，就会感到疼痛。俗话说，牙疼不是病，疼起来真要命。特别是换牙的年龄，乳牙对酸抵抗力低，刚长出来的恒牙抵抗力也不高，所以换牙的阶段一定要顶住糖的诱惑，少吃糖或勤刷牙，保护牙齿顺利换牙。

实验研究证明：吃糖越多，龋齿发病率越高。特别是奶油糖、软糖这类有黏性的糖果，因为它的残渣很容易粘在牙表面、牙缝里，刷牙也很难清除，所以对牙齿的危害最大。值得注意的是，米饭、馒头、面包、饼干里也含有糖分。因为口腔中有一种物质能把里面的淀粉分解成麦芽糖，虽然它们不会像吃糖的危害那么大，但是如果每天不好好刷牙，不能保证早上刷一次晚上刷一次，不能保证每次2~3分钟的刷牙时间，也会在牙齿表面形成酸性物质，腐蚀牙齿。

什么是牙釉质？

一口洁白的牙齿，表面有一层白色半透明的组织，就是牙釉质。它的硬度仅次于金刚石。它保护着牙齿内部的牙本质和牙髓组织，保护着牙齿的健康。

为什么世界各地的叔叔阿姨头发的颜色会不一样？

普宁市流沙第一实验小学江永儿同学问：

为什么人头发的颜色不一样？

问题关注指数：★★★

回答这个问题之前，告诉你头发真实的长相。用放大1000倍的显

微镜可以观测到，头发的最表层长得酷似鱼鳞，鳞片保护了头发。它的下面从发根到发梢都能看到斑点，就是黑色素颗粒，它由一种特殊的细胞——黑色素细胞分泌。这些黑色素颗粒的含量、大小、形态不同导致头发的颜色不同。爷爷奶奶的头发变花白了就是因为随着年龄的增长，黑色素分泌得越来越少。

人类的进化、生活的地域环境、饮食习惯等因素也影响着头发的颜色。比如，生活在热带的人，头发中的黑色素颗粒主要是黑色，他们每天都要接受较强的阳光照射，强光照射下黑色素会分泌得多，分解得少，分泌的颗粒形状又大，随着人类不断地进化，头发就变成很黑的颜色。相反，生活在寒带的人，没有强光照射，黑色素颗粒不仅量少，而且形状小，就变成了金黄色的头发。

科学研究还证实，头发的颜色不一样还跟头发中所含金属元素的量有一定关系。黑色的头发里含铜和铁，金黄色头发含钛，白色头发含镍……

什么是黑色素？

黑色素并不一定就是黑色的。它的颜色有黄、红、褐、黑等几种，所以会让人看到有不同颜色的头发。仔细观察你和其他同学的头发，会发现颜色也有区别，这是头发里黑色素颗粒的含量、种类有细微差别的缘故。

为什么我不爱吃青菜？
为什么有人爱吃鱼，有人不爱？

西安市何家村小学司芷璇同学问：

为什么我不吃青菜？为什么有的人爱吃鱼，有的人不爱吃鱼？

问题关注指数：★★★★★

不爱吃青菜的小朋友很多，原因五花八门。

首先，跟你的第一印象有关。看到某些青菜第一印象就不好，比如第一次见到苦瓜，表面疙疙瘩瘩的感觉立刻让你联想到了癞蛤蟆，再听说它的味道很苦，结果就不想吃了。殊不知苦瓜可消暑、益气、止渴，是很好的一种蔬菜。

其次，跟你小时候的经历有关。很多同学不喜欢吃蒜苗，是因为讨厌大蒜的气味，于是把蒜苗也讨厌上了。其实蒜苗并没有大蒜的刺激性气味，却有蒜特有的香味。

第三，跟你父母的生活习惯有关。如果你父母也不爱吃青菜，孩子会下意识模仿父母的饮食习惯。

第四，跟你的心情有关。父母一门心思要让你多吃某种青菜，强迫的结果是你产生了逆反心理，干脆不吃了！

人总是爱吃喜欢吃的食物。开始可能只拒绝一两种青菜，如果这种不良的饮食习惯得不到矫正，慢慢就会拒绝所有青菜。

鱼肉口感鲜美，肉质细腻，烹饪方法多样，品味起来真是一种享受。那为什么会有人不喜欢吃呢？一个原因是有人吃鱼会过敏，身上起小红疙瘩，全身上下哪都痒。另一个原因是有的人受不了鱼的腥味。

不吃青菜会怎样？

不吃青菜会引起便秘，胃肠功能差，胃口不好，缺乏维生素，对视力、皮肤、牙齿都不好，吃肉多了还容易长成小胖墩儿。

大脑是怎么记东西的?
为什么我的记忆力差?

广州市惠福西路小学邹健豪同学问:

大脑为什么会有记忆? 为什么我的记忆力差?

问题关注指数: ★★★★★

记忆有瞬时记忆、短时记忆和长时记忆。瞬时记忆,比如记一个电话号码,只需要记几秒钟,等拨完号就可以忘掉。短时记忆,记一段时间就可以忘掉。长时记忆,如小学一年级学的汉语拼音,需要记忆很久,甚至一辈子。

形象地说,人的大脑就像电脑的CPU。电脑需要硬盘储存大量的数据,以提高处理数据的能力。人的大脑更神奇,它有约140亿个脑细胞,可以像电脑硬盘一样,长期储存各种信息,随时供大脑调用。专家估计,我们的大脑如果使用得当,能轻松装下世界上所有图书馆的图书内容。

要形成记忆,仅仅有足够的脑细胞还不够,还必须在脑细胞之间形成稳定的神经通路。想要牢牢记住一件事,脑细胞之间的神经通路就必须非常牢固,所以我们需要经常复习。

人的一生中记忆力最好的阶段是少年和青年时期,人上了年纪,脑细胞新生的速度赶不上死亡的速度,记忆力就会随着年龄的增长逐渐衰退。

记忆力差有各种原因,有注意力不集中的原因,也有复习不够、记忆方法不佳的原因。从小锻炼大脑记忆力,学会科学记忆方法,一定能激发你的潜能。比如背课文,刚开始肯定背得磕磕巴巴,不用急,集中精力反复记忆,你一定可以背得滚瓜烂熟。努力发掘自己的记忆潜能,就可以使自己博闻强记。

探索飞船

什么是大脑海马区?

大脑有一个专门管理记忆的区域,科学家给了这个区域很形象的名字——海马区,因为它的形状很像海洋生物海马。

为什么心脏自己会不停地跳动？

普宁市流沙第一实验小学周炜同学问：

为什么心脏会不停地跳动？

问题关注指数：★★★★

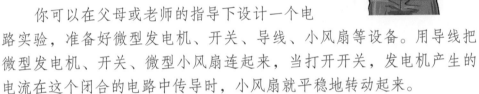

科学家们研究了心脏跳动的原因，发现它并不受大脑支配，而是一种特殊的心肌细胞产生的电流所引起的。就像有了电流，电灯会亮，风扇会转，抽水机会把水从楼房的一层抽送到最高层，输送到千家万户一样，心脏不停歇地跳动是因为心脏的肌肉层有一个智能的电流传导系统。

你可以在父母或老师的指导下设计一个电路实验，准备好微型发电机、开关、导线、小风扇等设备。用导线把微型发电机、开关、微型小风扇连起来，当打开开关，发电机产生的电流在这个闭合的电路中传导时，小风扇就平稳地转动起来。

在心脏这个智能的电流传导系统中，科学家发现了这个类似发电机的装置，学名叫窦房结、房室结，像导线一样的装置叫浦肯野纤维。而小风扇就相当于我们的心肌细胞。当窦房结细胞"发电"的时候，就是传送给心脏跳动指令，传导到房室结，然后继续通过浦肯野纤维传达指令，指挥心肌的所有细胞规律地收缩和舒张。

同时，心脏还通过它的冠状动脉，持续地给心脏的所有细胞供给血液，保证心脏有足够的营养和氧气维持跳动。

人的心脏就像是一个不知疲倦的"永动机"，不需要大脑费心去管理，自己就会规律地收缩和舒张，只要生命不息，它就会跳动不止。

知识擂台

正常的心脏跳动是每分钟60~100次。低于每分钟60次，说明心跳过缓。高于每分钟100次，说明心跳过速。医生常常通过心电图来判断心脏是不是健康。

为什么有些人天生就会有病呢？

广州市惠福西路小学龚秋怡同学问：

为什么有些人天生就会有病呢？

问题关注指数：★★★★

有的宝宝，一出生就有病，这叫先天性疾病。有些先天性疾病和遗传基因有关系，比如先天性心脏病和兔唇。法律禁止近亲结婚，就是因为近亲结婚生出来的宝宝患有遗传性疾病的比较多。

还有一些先天性疾病是在怀孕过程中出现了意外导致的。比如，如果妈妈在怀孕的前3个月生病，不得不吃了一些药，药物通过脐带输送给胎儿，这就很危险。因为这个时候正是胎儿各个器官发育的关键期，药物的毒性很容易影响宝宝的身体发育。

如果妈妈怀孕期间天天在电脑前工作，就会受到电磁辐射。少量的电磁辐射对大人的影响不太大，但是对胎儿的影响就大多了。虽然，准妈妈一般在怀孕的时候都会穿上隔离辐射的孕妇装，但有的时候还是防不胜防。

如果妈妈在怀孕期间严重营养不良，睡眠质量又很差，胎儿在成长过程中没有充足的营养供应，也会造成出生以后体重低、个头小、身体弱、易生病。

还有，爸爸妈妈的年龄如果偏大，或者本身有各种遗传性疾病，孕育出来的宝宝可能就比较弱，可能遗传上父母的疾病。一般来说，准妈妈的年龄不要超过35岁，准爸爸不要超过45岁。

宝宝出生后，医生会从脐带或宝宝的脚后跟取一点血，用来筛查一些常见的先天性疾病，以便及早诊断、及早治疗。

为什么人在冬天身体感觉冷，而眼睛不感觉冷呢？

河南省安阳市红庙街小学徐钰同学问：

为什么在寒冷的冬天，身体上下都觉得非常寒冷，眼睛却感觉不到寒冷呢？

问题关注指数：★★★★

在寒冷的冬天，有时气温低到零下十几摄氏度，外界温度明显低于人的体温，即使穿着很厚的冬装依然感觉非常寒冷。这是因为人身体表面分布着很多可以感受寒冷的感受器，冷感受器接收到冷的信号，你就会感觉到寒冷，信号通过神经传递给大脑，大脑会采取各种应对措施（比如不停地打寒战）让身体产生热量，这就是数九寒天人会冻得瑟瑟发抖的原因。

那么眼睛为什么不感觉寒冷呢？那是因为身体表面的冷感受器并不是均匀分布的。在眼球上，没有冷感受器。眼睛的构造很特别，你能看到的眼睛最外面是角膜，眼皮下和角膜相连的是结膜，大家俗称眼白的部位学名叫巩膜。角膜、巩膜根本不知道冷，结膜和眼睑皮肤只是稍微对冷有点感觉。所以即使三九天，眼睛对寒冷的感觉也相当不敏感。那有人会问，都说眼睛是水做的，身体都会冻僵，眼睛里的水难道不会冻住吗？这就是身体的奇妙之处。眼睛表面的角膜是透明的，没有血管，几乎不能散热，而且角膜和巩膜有一定厚度恰恰可以缓冲寒冷。再加上上眼皮和下眼皮的保护，像给眼睛穿了一件大衣，阻挡着冷空气。所以眼睛不会被冻住。

知识加油站

把温度计放在腋窝处，5分钟后拿出温度计读一下温度是多少。人体正常体温平均在36～37℃左右。

为什么有痒痒肉的人自己挠不痒，别人挠就痒呢？

广州市惠福西路小学刘紫琪同学问：

为什么自己挠自己不会痒，别人挠却痒呢？

问题关注指数：★★★★

很多人身上都有"痒痒肉"，通常在脖子、胳肢窝、腰和身体两侧。如果别人冷不丁挠一下，就会感觉奇痒难耐，而且身体的其他地方有时也会被牵连，浑身都感觉痒痒的。这其实是一种神经反射。

有痒痒肉的地方大多数是淋巴结分布密集的地方。淋巴结和大脑之间有神经相连。神经传导就像特快列车，传播速度很快。所以只要有痒痒肉的人被别人挠了一下，马上就会有痒的感觉。

那么，自己挠自己为什么不会痒呢？首先自己挠自己会有一定程度的心理准备，不会像别人冷不丁地挠一下，使得身体骤然紧张。其次是小脑起了重要作用。如果自己挠自己，小脑会发出一个信号，告诉大脑不要理会它。大脑收到这个信号以后，无论你挠得多起劲，它都不会理睬了。而别人挠的时候，小脑只是冷眼旁观，不做任何反应，大脑接收到淋巴神经的信号，立刻会产生痒的感觉。而且只要是别人挠的，即使人做好心理准备，小脑也不会发出信号，所以还是会很痒。

多数人的脚心、腋窝、大腿根最怕痒，因为这些部位的痒感受器比较集中。别人挠你的时候，提前做好心理准备，痒的感觉可以轻一点。

为什么男人不能留长发？

山东省泗水县实验小学王征同学问：

为什么男的不能留长发？

问题关注指数：★★★★

学校一般都会规定男孩子不能留长发。可能小朋友就会好奇，为什么男的就要剪短发？其实，男人不是绝对不能留长发的，只是男人剪短发已经成为社会习俗。

人们习惯用一些外在的特征把男人和女人区分开。在古代，男人和女人都留长发，但男人的长发要束起来，发型也和女人不同。近代以来，人们渐渐地将男性剪短发作为区分男性和女性的重要特征，并形成了一些审美习惯，比如认为男人留短发看上去更精神。

有很多群体和行业，规定男性不能留长发。比如餐厅的服务生、警察、军人、学校的中小学生等。之所以这样规定，有的是为了符合社会通常的习惯，避免让大众感到不舒服；有的则是工作岗位性质决定的，比如在工厂，长发容易被卷入机器中，是安全隐患，又比如军人行军打仗，生活条件可能很恶劣，还可能受伤治疗，长发非常不方便。即使是女性军人，也只能剪成齐耳短发，不能长发披肩。学校规定男孩子不能留长发，是因为学校希望大家养成遵守社会规范的习惯。同时，也方便老师们区分出谁是男孩谁是女孩，易于管理。还有，男孩子比女孩子更喜欢摸爬滚打，短头发容易保持个人卫生。

知识加油站

不同群体的人，审美的习惯也有所不同。有的人群对于男性留长发比较宽容，甚至欢迎，比如在一些艺术家的群体里，或者某些青少年的群体里，留长发被认为是个性的表现。不过，这些人也会因此要承受社会其他群体不理解、不接受而带来的压力。

为什么人要过生日？

西安市何家村小学冯泽森同学问：

为什么人要过生日？为什么一年只能过一次生日？为什么每过一年就会多一岁呢？

问题关注指数：★ ★ ★ ★

宝宝的出生对一个家庭来说是很重要的事，按传统的民俗，不仅要办满月酒，还要办百日宴，亲属们聚集一堂，既是庆贺，也是为宝宝祈福。以后每年到了宝宝的出生日期，还会热热闹闹地纪念一下，这就是"过生日"了。有时，人们也称生日为"母难日"，因为妈妈生小孩的时候会很辛苦，而且在医学不发达的年代，那也是一件危险的事，很多妈妈因为生孩子不顺利而死去。所以，当我们开心地纪念自己的出生时，也要特别感谢妈妈忍受痛苦将我们生下来，又努力把我们养大。

有的时候，小朋友会想：要是能多过几次生日就好了，可以天天开心，得到更多的生日礼物呢！可是你想过没有，为了我们的生日，爸爸妈妈和亲戚们需要很辛苦地准备、筹办的，买礼物的钱也是爸爸妈妈辛苦挣来的，我们应该懂事，不能给爸爸妈妈添更多的麻烦。而且要是天天过生日，那生日也就像平常的日子一样，没什么惊喜的了。

"年"是人类根据地球围绕太阳公转一圈的时间，设定出的一个时间单位。一年有四个季节，春生夏长，秋收冬藏，循环往复。人们认为"年"这个时间单位很能体现生命的意义，就用它来衡量人的年纪，每过去一年的时间，年龄就多一岁。

开心小辞典

庆贺你自己生日的时候，记得问问爷爷奶奶、外公外婆、爸爸妈妈的生日是哪一天，记好了，到他们过生日的时候，跟他们说生日快乐！

当军人为什么光荣呢？

西安市何家村小学任鑫同学问：

当军人有什么好的呢？

问题关注指数：★★★

如果你拿这个问题去问不同的人，可能会得到不同的答案。比如，有的人觉得穿着军装拿着枪很神气；有的人会说当军人可以保卫祖国，很光荣；也有的人认为做军人是个有保障的好工作。

军人是个非常特殊的职业，它最大的特点是可能要面对危险和艰苦的环境，甚至是受伤或牺牲。为了最有效地打击敌人，保有战斗力，军人必须具备很多重要的品质和能力：服从命令听指挥、良好的身体素质、熟练的战斗技术、吃苦耐劳、勇敢坚定等等。没有人天生就具备这么多优点，所以，军队会有很多办法去训练每个军人。比如，有严格的作息和生活制度，每个战士都要遵守；行动要服从指挥，不能随便行事；多种多样的体能训练，锻炼战士的体魄；还要进行艰苦的战斗训练，射击、格斗，操纵武器，学习战斗技能。做一名军人就要接受这些严格的训练，使自己成为合格的军人。

军人如果要去守卫边疆或接受特殊任务，可能会面对恶劣的环境，比如荒无人烟的戈壁、陡峭缺氧的高山、缺水少电的海岛。很多经历过艰苦生活的军人会觉得这是人生的重要财富，让他们后来遇到困境时，能够吃苦耐劳，更好地克服困难。

总之，军人不是一个舒适轻松的职业，但军队也特别能锻炼人。而且，我们的国家需要有军人来保卫，才能让人民幸福地生活。

探索飞船

从身边寻找五位当过解放军的叔叔或阿姨，问一问他们认为做军人有什么好处，并记录下来。另外，你还要记录下他们的性别、年龄、哪一年参军，在军队里做过什么工作，做了多长时间。

毛笔为什么要用动物的毛而不用棉花或者头发制作？

河北省石家庄市长安东路小学宋嘉铭同学问：

毛笔为什么只用动物身上的毛制作而不用棉花或者头发丝？

问题关注指数：★★★★

笔是用来书写或绘画的，在笔的大家族中，称得上鼻祖的有我国的毛笔、古埃及的芦管笔、欧洲的羽毛笔等，但芦管笔和羽毛笔都已经"退休"了，唯独毛笔至今仍在使用。

毛笔是以各种毛发梳扎成锥形后，固定在竹管或木管一端构成的。毛笔制作的关键是笔头。笔头的材料，大致分为软性、硬性、中性三类。软性的笔，有羊毫、鸡毫、胎毛（出生婴儿的头发）等。硬性的笔，有紫毫（兔毫）、狼毫、鼠毫等。中性（不软不硬）的笔称"兼毫"，有羊紫兼、羊狼兼等。

羊、狼、猪、兔等动物身上某些部位的毛是制作笔头的主要材料。为什么不用棉花或头发丝呢？实践出真知，建议同学们自己亲自试验一下，用棉花或者头发制作一支毛笔，写几个字体验一下，就知道用什么材料更好了。

另外，棉花是我国唐宋时期才引入中原的，这时毛笔已有千年以上的历史了。

文房四宝

古代把笔墨纸砚称作文房四宝，因为湖州产的笔、徽州产的墨、宣城产的纸、端州产的砚台最有名，所以有湖笔、徽墨、宣纸、端砚的说法。

传说中的龙
是什么动物呢？

广东省普宁市少滨流沙第一小学少滨同学问：

传说中的龙是什么动物？

问题关注指数：★★★★

龙是传说中的神物，是不存在的。正是因为它是虚构的，所以无法说清它属于什么类型的动物。世界上虽然没有龙这种动物，但我们可以到处看到龙，听到龙，读到龙。

在绘画作品和古代器物上，有很多龙的形象。远远地看，你会感到龙非常威猛、飘逸、潇洒；细细地看，会发现它身体是由蛇身、兽腿、鹰爪、马头、蛇尾、鹿角、鱼鳞等许多动物的身体器官组成的。

回忆一下自己读过的故事，会发现许多与龙有关，在这些故事中龙都具有美好的品质和能力：英勇善战、不畏强暴，足智多谋、预见未来，本领高强、法力无边，呼风唤雨、变化多端……当然，有时候在某些龙身上也有不少缺点，如高傲、跋扈等。

龙的形象和华夏民族对它的崇拜反映了中华民族日益融合、不断发展的过程。龙的形象形成之后，对于每一个中国人都产生了很深刻的影响，华夏儿女被称为"龙的传人"，每逢春节、元宵节等传统重大节日中总要舞龙耍狮，汉语中的许多词语都与龙有关，很多地方都以龙命名，甚至很多人名字中都带有"龙"字。这些都说明龙与我们的生活密切相关。

外国的龙

其实外国也有龙，不过它的形象和性格与中国的龙完全不同。外国的龙形象类似一种长有翅膀的恐龙，而且代表着邪恶。

人为什么想到宇宙中去？

山东省东营市胜利油田实验小学蔡漪澜同学问：

人为什么想到宇宙中去？

问题关注指数：★★★★

人类最感神秘的地方要数头顶上的这个宇宙（也就是我们平常喜欢说的"天"）了。虽然抬头就能见到，但我们无法知道它到底有多高、有多远，里面究竟有什么。人们总是喜欢把难以实现的事情与登天联系起来，比如"蜀道难难于上青天""比登天还难"。

在过去科技不发达的情况下，人们通过幻想创造了许多关于宇宙的神话故事，比如女娲补天、嫦娥奔月、牛郎织女、大闹天宫等。

在梦想的推动下，凭借运载火箭和宇宙飞船等技术，人类的梦想一步步变成了现实。1957年苏联人发射了人造地球卫星，实现了登天的重大突破。1961年4月12日，苏联航天员加加林乘坐东方1号宇宙飞船升空，成为世界登天第一人。1969年7月16日，阿姆斯特朗等三位美国宇航员驾驶着阿波罗11号宇宙飞船踏上了月球表面，成为首批到达月球的地球人。2003年，中国航天员杨利伟乘"神舟五号"飞船飞入太空，成为中国登天第一人。

我们为什么要花那么多钱、冒那么大危险发展宇宙航天事业呢？因为通过发展宇航事业，可以大幅度推动科学技术的进步，发展新兴产业，从长远看还可以为人类开拓新的生存空间。

什么是第一、第二、第三宇宙速度？

我们从地球上发射的航天器，如果飞行速度能超过7.9千米/秒，就不再落回地面而成为地球的"卫星"，这就是第一宇宙速度；如果飞行速度能达到11.2千米/秒，就能挣脱地球引力而成为太阳的"行星"，这就是第二宇宙速度；如果飞行速度能达到16.7千米/秒，就能飞出太阳系，这就是第三宇宙速度。

钱是谁发明出来的？
钱为什么可以买东西？

河南省安阳市红庙街小学赵洁同学问：

钱是谁发明出来的？钱为什么可以买东西？

问题关注指数：★★★★

通常说的"钱"是指的我们天天离不开的纸币（钞票）。现在还难以断定到底是谁最先发明了货币，但可以肯定的是，纸币最早出现在我国北宋时期的四川成都。

货币形成和变化是一个漫长而复杂的过程，从下列两组文字中大致可以发现其中的奥秘。第一组：财、货、贫、资、赋、赏，第二组：钱、钞、铢、金、银。很简单，第一组字都与"贝"有关，第二组字都与"金"有关。从"贝"到"金"，反映了货币演变的过程。大致在夏朝以前，人们主要使用贝壳作为货币。大致在商朝以后，货币就改由金属充当了，尤其是金银。

随着经济的发展，商品越来越丰富，人们之间的买卖行为也越来越多，金属货币使用和保管起来比较麻烦。大家可以想象，一个南京人到上海买一条大船，如果带铁钱和铜钱，那该有多重啊！为方便兑换和携带，有人就尝试印制可以代替金属货币的纸币。

贝类也罢，金属也罢，它们之所以能够成为货币、购买东西，是因为它们本身就值钱。纸币虽然本身不值钱，但国家通过强制使用让它代替金属货币之后，它也就变得值钱了，自然也能够买东西了。

开心小辞典

人民币

中华人民共和国的法定货币是人民币，国际上通常缩写为RMB，标志为￥，比如300元人民币就写作￥300。中国人民银行先后发行过5套人民币，不过第一、第二、第三套人民币已经退出流通领域了。

为什么科学家那么聪明？
科学家是怎么发明东西的？

西安市何家村小学田一迪同学问：

为什么科学家那么聪明？科学家到底是怎么发明东西的？

问题关注指数：★★★★

聪明人一般是指办法多、点子足的人，他们往往能做成别人做不成的事，创造出世界上本来没有的东西。

发明东西的人我们一般称为发明家。成功的发明家大致有这样一些共同点：首先是内心有敢于超越前人的意识和对现状的不满足感。如果大家都满足于固定电话，就不可能发明手机了。其次要有强烈的好奇心，并善于捕捉各种奇思妙想。第三要有将自己的想法付诸实践的意识，不能只是想想而已。最为重要的就是，要坚持不懈，不畏失败。

发明大致要经历这样的过程：一是要在相关领域积累足够的知识和经验。二是要将发明创造过程进行分解，制订一个可行的方案。三是要围绕这个方案进行试验，并不断验证你的试验结果；四是要将试验产品用于实践并邀请专家检验。这个过程中灵感非常重要，要把握好。

灵感是发明活动中最神秘的地方了。怎样才能有灵感呢？要依靠创造性思维。有人把创造性思维划分为四个阶段：一是准备，就是积累、搜集足够的信息；二是酝酿，就是把搜集来的信息消化掉；三是顿悟，就是在把问题的各个环节考虑通透的情形下捅破最后一层窗户纸；四是验证，就是通过实践考察自己想法的正确性，并加以修订。

查阅有关资料，看看"杂交稻之父"袁隆平是怎样培育杂交稻的，并谈谈你对发明的体会。

为什么我们要读书呢？

广西柳州市鹅山路小学钟文军同学问：

为什么我们人类要去读书？

问题关注指数：★★★★★

　　小朋友可能听过一句名言——"书籍是人类进步的阶梯"。这句话说出了书的重要性：人类的许多知识和文明都积淀在书中，因此，多读书才会进步，不读书难以发展。

　　读书可以提升个人的综合价值。人的价值常常体现在他掌握的知识技能和拥有的智慧上。读书是开阔眼界、补充能量、增长智慧的重要途径。不能因为一些不读书的人发了财，就以为读书无用。

　　读书可以让我们励志、陶冶情操。读书的时候，作者的先进思想会给我们的灵魂充氧，前人知识和智慧指引我们去识别美与丑、善与恶，让我们的生命因此不断地向前拓展。读书还让我们变得感情丰富，对生命充满激情，对人生充满眷恋。

　　如果一个人养成了良好的读书习惯，那么他的一生会受益匪浅。在当今这个资讯超载、信息泛滥的社会，读什么书也是非常重要的。一本好书，可以影响人的一生，如果不加选择，见书就读，也可能会毁了自己。如今青少年犯罪中，就有相当一部分人是由于阅读了一些低级趣味的书而陷入深渊，我们应引以为戒。我们要选择那些对自己有帮助的，思想性好、艺术性高的读物阅读。

　　所以，我们要读书，要读好书。

　　试着列举一些关于读书的格言，选一个最喜欢的作为自己的座右铭吧！比如：我扑在书籍上，就像饥饿的人扑在面包上。（高尔基）

第一个创造日历的人是谁？

山东省泗水县实验小学李月月同学问：

第一个创造日历的人是谁？

问题关注指数：★★★

在科学技术不发达的古代，人类的祖先依据天体的运动来确定时间，发现了日升日落、月亮圆缺、冬去春来这些规律，根据这些规律制定了历法，用来指导生产生活。

古代两河流域的人们使用阴历，而古埃及人则使用阳历。中国最早的历法是夏历，发明人是谁不清楚，它结合了阴历和阳历的特点，传说从夏朝就开始使用了。我们今天的日历本上，通常都会标注公历和农历两个日期。公历是阳历，是从欧洲传过来的，也叫格里高利历；农历和古代的夏历差不多。比如我们平常说的"年"，就有一个农历的"大年"，也叫春节；还有一个公历的"小年"，也叫元旦。

1100多年前的唐顺宗永贞元年，皇宫中开始使用皇历，记载国家、宫廷大事和皇帝的言行，这是有据可查的最早的日历本了。皇历分为十二册，每册的页数和每月的天数一样，每一页都注明了天数和日期。发展到后来，就把月、日、干支、节令等内容事先写在上面，下面空白处留待记事，和现在的"台历"相似。那时，服侍皇帝的太监在日历空白处记下皇帝的言行，到了月终，皇帝审查后，送交史官存档，这在当时叫日历，这些日历以后就作为史官编写史书的依据。后来，朝廷大臣们纷纷仿效，编制自家使用的日历。

到了今天，日历本花样不断翻新，给我们提供着方便。

老黄历

民间有一种黄历，传说是黄帝制定的（当然这个说法不可信）。有些传统思想重的人，在遇到婚丧嫁娶、盖房子这些大事的时候，喜欢翻黄历挑个吉利日子。有一句俗话，叫"老黄历不能翻了"，意思就是时代变了，按老思想办事行不通了。

中国人的姓是怎么产生的？

河南省安阳市红庙街小学范永歌同学问：

中国人的姓是怎么来的？

问题关注指数：★★★★

姓，是标志家族系统的称号。古书记载我国自黄帝时期便有了姓氏。姓的最早起源与原始民族的图腾崇拜有关。在原始蒙昧时代，各部落都有自己的图腾崇拜物，如麦穗、熊、蛇等都曾经是我们祖先的图腾。在原始部落中，图腾、族名和祖先名常常是一致的，久而久之，图腾的名称就演变成同一氏族全体成员共有的标记——姓。

姓的形成还与女性分不开，因为那时是母系社会。考古学资料记载，西周时可以明确考证的姓不到30个，而且大多数都从女旁，如：姜、姚、姒、姬、娲、妊等。姓除了能"别种族""明世系"外，还有"别婚姻"的作用，同姓男女不可以通婚。

在氏族发展的过程中，后来又衍生出"氏"的称号，传说黄帝时，已有"胙土命氏"。周朝初年，大规模地分封诸侯，这些诸侯国的后人即以封国名为氏。各诸侯国又以同样的方式对国内的卿大夫进行分封，大夫的后人又以受封国的名称为氏。以后，各种形式的氏的来源又不断出现，氏的数量远远超过了姓的数量。"氏"可以"别贵贱"。贵者，有氏有名。贱者，有名无氏。到了汉代，姓氏逐渐合一，氏即姓，人们使用姓氏时简单省事，也无贵贱之别，因而平民也从无姓到有姓。

知识擂台

中国旧时流行的《百家姓》是北宋时编写的，里面收集了单姓408个，复姓30个，共438个。姓发展到后来，据说有4000到6000个，但是实际应用的只有1000个左右。

91

为什么许多青少年喜欢追星？

河南省新乡市人民路小学杨颉翔同学问：

为什么许多青少年喜欢追星？

问题关注指数：★★★★★

"我喜欢周杰伦。因为他的歌好听，很有动感，人又帅，很另类，又会作词作曲。"这是一个15岁高中女生的网上留言。调查显示，95%的中学生都有自己崇拜的明星。为什么如此多的青少年追星呢？从前面周杰伦的"粉丝"称述中就可以看出部分原因：对外表和个人形象的关注、对个人才华的渴望和娱乐的需要。

概括起来青少年追星的原因可以归为如下两个方面：

首先，追星是青少年从孩童向成人发展的过程中生理心理过程的反映。青少年正是长身体、长知识和树立远大理想的时期，正处于迷茫和混沌中。他们渴望成功，崇尚张扬个性，某些明星的一夜成名（如选秀等活动）给了他们太大的震撼，成了他们梦想的补充和现实的安慰。成长中的苦闷、迷茫、彷徨，使得青少年找不到自己的定位，可是理想自我的形象反射到偶像身上，追星成了自己心灵的寄托。

其次，当今时代和青少年的成长环境助长了青少年追星。当今整个时代的信仰缺失，榜样缺失是追星的原因之一，而且追星具有世界性，而非中国独有的现象。追星满足了部分孩子的集体归属感和安全感，成为人际交往的纽带，越来越大的"粉丝团"就是见证。学业压力大、整天面对乏味的学习、课余活动少，使得一部分青少年把注意力转移到了明星身上。

列举一下你身边的同学都有哪些追星的表现？

人为什么要结婚？

河南省安阳市红庙街小学武魁元同学问：

爸爸妈妈说，他们先结了婚，然后我才到了这个世界上。人为什么要结婚呢？他们不结婚是不是就没有我了呢？

问题关注指数：★★★★

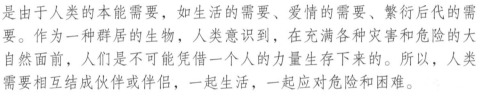

结婚，就是一对相爱的男女，依照法律规定的条件和程序，确立婚姻关系，建立家庭。他们往往会发誓彼此包容，相互理解，不管在将来的生活中遇到怎样的烦恼和困难，都不会抛弃、厌烦对方，而是互相帮助，互相支持，相伴到老。

人类为什么要结婚呢？归根到底是由于人类的本能需要，如生活的需要、爱情的需要、繁衍后代的需要。作为一种群居的生物，人类意识到，在充满各种灾害和危险的大自然面前，人们是不可能凭借一个人的力量生存下来的。所以，人类需要相互结成伙伴或伴侣，一起生活，一起应对危险和困难。

正是因为这种寻求伙伴的本能，从出生之日起，人们就渴望找到自己所爱的、可以信任的对象。比如，在很小的时候，我们会很依赖爸爸、妈妈。等长大一些，我们又很希望多结交一些同龄的小伙伴。等到再长大一些，成为一个成年人，会在爱情的力量引导下去寻找一位异性伴侣，两个人共同组建家庭，共同养育小宝宝。

其实仅仅就养育后代这一点来说，不仅仅是人类，像天鹅、狼等许多动物也会挑选一位配偶，共同承担养育后代的工作。但是，只有人类将这种"一夫一妻"的婚姻制度用法律明确规定下来。

回家问问你的爸爸或妈妈，他们在结婚那天，都履行了什么程序和仪式？又发生了哪些有意思的事情呢？

人类为什么要打仗?

河南省安阳市红庙街小学安鹏志同学问:

新闻里常看到战争地区无家可归的人,他们好可怜。为什么人们要打仗啊?

问题关注指数:★★★★

在新闻里不时地能够听到一些国家发生战争的消息,在小说、电影中也有很多战争的场面,有的小朋友就会问:为什么人们要打仗呢?不打仗,大家开开心心地一起生活不好吗?

一位名叫克劳塞维茨的著名军事理论家曾说过:"战争,是政治以另一种形式的延续。"他的意思是,当两个或多个国家、势力在一些重要的事情上不能说服对方又不能退让的时候,他们就可能会选择战争的方式来解决冲突。就好像在动物界,为了争夺有限的食物和水源,老虎、狮子,甚至羚羊、猩猩之间也会爆发战争。在激烈的搏斗之后,失败者会向胜利者妥协,让出地盘或者食物。所以,打仗是两个或多个国家、势力解决矛盾冲突的一种方法。战争的原因,绝大多数是因为各国之间经济发展不均衡所导致的,另外也有因为宗教、文化等原因而引发的战争。

战争影响人们的生活,导致家破人亡,流离失所,也给各个国家的发展带来严重的伤害。所以,我们应当提倡相互尊重,学会和平共处,消除战争,共同维护世界和平。

历史上曾经发生过两次世界大战——1914~1918年的第一次世界大战和1939~1945年的第二次世界大战。第二次世界大战结束以后,为了维护世界和平与安全,成立了联合国。

火车、公交车、地铁上为什么不让带爆竹、烟花之类的东西？

哈尔滨市友协第一小学三年级（1）班车行同学问：

妈妈告诉我，火车、公交车、地铁上不能带爆竹、烟花之类的东西，为什么呢？

问题关注指数：★★★★

烟花、爆竹是用火药制成的。火药是一种点火后能迅速燃烧或爆炸的混合物，一旦受热或是遇到撞击，火药很容易发生爆炸或燃烧。火药是人类掌握的第一种爆炸物，是中国古代的四大发明之一。

在公共交通工具上，人通常很多，又集中在相对狭小的车厢里，很容易出现相互挤碰、摩擦的情况。如果这时乘客身上携带着烟花、爆竹、雷管、汽油、酒精灯等易燃易爆品，一旦被摩擦或静电产生的火星点着，就会造成爆炸事故和火灾。公共交通工具上人多拥挤，又难以疏散，车上又不可能配备大量灭火装置，火势一旦蔓延就很难控制，会造成重大的人员伤亡。

所以，为了他人和自身的安全，千万不要带易燃易爆危险品上车哦！

开心小辞典

烟花爆竹

因为烟花爆竹是用火药制造的，所以生产烟花爆竹的厂家、运输烟花爆竹的车辆、贮藏烟花爆竹的仓库，都要遵守严格的安全规范。另外，我们在燃放烟花爆竹的时候，也要当心被炸伤，还要远离油库、草垛等易燃物。

为什么人有时候会出现恐怖的幻觉、听见可怕的声音？

哈尔滨市公园小学于家儒同学问：

在动漫里看到，有些人会突然出现恐怖的幻觉，听见可怕的声音。这是为什么呢？是因为有鬼的存在吗？

问题关注指数：★ ★ ★ ★

幻觉是一种异常的心理状态。在这种状态下，个体会忽视自己周围的现实环境，错把自己头脑中的图像和声音当作真实发生的事情。通俗地说，就是不存在的东西，却被看到了（幻视）或者听到了（幻听）。人人都有产生幻觉的可能。只不过在正常的情况下，从现实世界获得的真实刺激，会激发我们的大脑重新检验"幻觉"的真实性，从而抑制幻觉的出现。

当人患有严重精神疾病时很容易产生幻觉。精神分裂症患者常常会听到一些争吵或是命令他们去做坏事的声音。这些声音是他们自己心里臆想出来的。

在情绪高度紧张的情况下，正常人偶尔也会出现幻觉。比如说，我们正着急地盼着某人来，忽然听到敲门声，但其实根本没有声音。某个学生很怕爸爸回家看到考试成绩单，一惊一乍地好像听到了爸爸上楼的脚步声。这些幻觉都是因为我们的心理愿望过于强大，以至于大脑错把我们心里的想法当成了现实。不过这种幻觉往往持续的时间并不会很长，随着心情好转，恢复平静，就会自然消失。

致幻剂

有一些毒品，比如大麻和摇头丸，服用以后也容易产生幻觉，对人体健康危害很大，这种毒品就称为"致幻剂"。所以国家明令禁止种植、贮藏、贩卖、吸食毒品。

微笑真的会让人生活更美好吗？

哈尔滨市花园小学孔天娇同学问：

微笑真的会让人生活更美好吗？

问题关注指数：★★★★

每个人都喜欢笑。笑一笑，似乎阳光也更灿烂了。笑确实让我们的身体更健康，生活变得更美好了，但这又是为什么呢？

笑能够促进肌肉活动和血液循环，让人精神愉悦。有研究发现，人们笑的时候需要身体多个部位协调运作。仅以脸部为例，当人笑的时候会同时牵动15块面部肌肉活动，增加面部的血流量，从而让你看起来面颊绯红，更加神采奕奕。此外，笑的时候还会让人的呼吸加强，吸入更多的氧气，让血液中含有更多的氧，使人更加振奋。

除了让人变得更有精神外，笑还是排解压力、消除紧张的好方法。在笑的时候，人体内会释放很多对身体有益的物质，这些物质有的能够让人感到愉悦、放松，有的则能够提高身体免疫力，降低患病的风险。此外，有时强烈的笑还会刺激泪腺分泌泪水，即我们常说的"喜极而泣"。无论是笑还是哭时的泪水，都能够帮助身体排除有毒物质，起到释放压力的作用。

总之，笑确实有很多的好处。每当遇到什么难事，可以试着笑一笑，可能一下子就会轻松起来。当你与大家友好相处并有勇气面对困难，你的生活一定会更美好。

知识加油站

和笑有关的词语，你能想到多少个？

为什么军人都用右手行礼？

西安市何家村小学李怡萱同学问：

在照片上看到，好多国家的军人都是用右手行礼，为什么呢？

问题关注指数：★ ★ ★

我们经常看到军人举起右手庄严敬礼，飒爽英姿让人肃然起敬。可你知道吗？最开始军人举起右手行礼是为了向对方展示自己手中并没有武器。由于大部分人都是用右手来使用武器的，抬起右手，表示没有攻击的意图，是一种和平友好的表示。随着时间渐渐推移，逐渐演化成今日的军礼。

也有人认为军礼起源于古罗马时代。每当古罗马的骑士们相遇时，就会举起头上戴的面罩，以此来向对方表示敬意，同时也可以露出自己的脸部，以免被对方误伤。这个动作一直流传下来。到了11世纪，欧洲各国的骑士们大都不再佩戴面罩作战，举面罩的传统也慢慢演变成脱下头盔或帽子以示敬意。后来，著名领袖克伦威尔领导的新式军队正式把脱帽致礼的传统改为用手接触帽檐敬礼。

在这种礼仪中，为表示相互敬意，要求用右手紧贴帽檐，手心向外，用以向对方表示自己手中没有武器；同时两腿并拢呈立正姿势，以显示军人的气魄 。这种军礼形式，从英国陆军开始，一直传到了海军和空军。法国大革命后，法国军队也开始实行这一新式军礼。后来，这种军礼又被传到了美国，进而逐渐流传到全世界。

中国人民解放军的军礼，有举手礼、注目礼、持枪礼。着军服戴军帽或者不戴军帽都可以行举手礼；携带武器装备不便于举手礼时，可以行注目礼；持枪礼仅限于执行阅兵和仪仗任务时使用。

人为什么会吮手指？

哈尔滨市育民小学薛雯同学问：

妈妈说我小时候很爱吮手指，人为什么会吮手指呢？

问题关注指数：★★★★

两三个月大的婴儿吮吸自己的手指是智力发育的表现之一，通常发生在饥饿时和睡觉前。对小宝宝来说，吮吸手指是学习和玩耍的一种方式，是宝宝探索自身的开始。灵巧地吮吸某一个手指，说明婴儿支配自己肢体的能力大有提高，可以促进婴儿双手和眼睛之间的协调。

正常情况下，吮吸自己手指的行为会随着年龄的增长而消失。如果到了1周岁后仍然经常吮吸手指，就成了不良习惯，需要耐心纠正和戒除了。小宝宝学会了行走，触摸到不卫生物品的可能性增加。若小手在脏兮兮的情况下就塞进嘴里，容易引起腹泻和寄生虫等疾病。吮吸手指还可能会引起下颌发育不良、牙齿排列异常等，会妨碍咀嚼功能。

等到了小宝宝两岁以后，吮吸手指已经不再是探索自身的一种行为，而更多变成了孤独时自娱自乐的习惯。儿童害怕父母减少对他的爱，在父母的陪伴较少时，他们容易产生精神紧张、恐惧、焦虑等情绪。为了平复不良情绪，儿童通过吮吸手指进行自我安慰。另外，父母感情不和谐、生活中缺少玩具、音乐、图画等视觉和听觉上的刺激时，儿童也可能保留吮吸手指的行为。

上了小学的同学，很少有吃手指的毛病了，不过咬指甲的可不少见，甚至有的成年人还没改掉这个毛病。在心理学家看来，咬指甲和吃手指一样，都是精神不安、渴望安慰的表现。

女生比男生优秀吗？

河南省新乡市人民路小学杨小翔问：

为什么我身边的女生比男生要厉害？班里的班干部大部分都是女生，女生的学习成绩总比男生好，老师也总是表扬女生，这是为什么？

问题关注指数：★ ★ ★ ★

许多小学生都反映，现在的女生做什么都比男生强。比如，女生听课比男生认真，写字比男生漂亮，考试成绩往往比男生好，当班队干部的人数远远比男生多，甚至连个子也比男生高一些。其实，这些都是有原因的。

科学家牛顿、爱迪生在童年时代都曾被认为是笨男孩。爱因斯坦3岁多还不会讲话，直到9岁时讲话还不是很流畅。这反映了男孩发育成长中的一个重要特点，即男孩晚熟一些，发展暂时落后一些，这是完全正常的自然现象。同时，由于当代女性地位提高，许多女孩子充满自信，充分发挥了自己的优势。

了解这些特点以后，我们就不难理解，为什么在小学阶段，人高体壮和表现优秀的往往都是女孩，无论运动能力、学习能力还是交往能力和管理能力，女孩都比男孩强。

男生会永远落后下去吗？当然不会。从上中学开始，男生的发育速度开始加快，慢慢地就会与女生一样强，甚至超过女生了，并且会发展出自己独特的优势。所以，在中学里很少有女生欺负男生的现象。男生有男生的优势，女生有女生的优势，如果能够互相学习和互相帮助，男生女生都会获得良好的发展。

 探索飞船

为什么小学男生常常落后于女生？

有人研究发现，5岁男孩的大脑语言区发育水平只能达到3岁半女孩的水平。女孩的神经系统整体比男孩成熟早，所以受神经系统支配的手眼协调动作更灵活、更准确，平衡性也更好。在整个小学阶段，男孩的生理发展和心理发展总体上暂时落后于女孩。

中国人为什么要过年？

哈尔滨市钱塘小学校王许睿同学问：

过年是一年中最热闹的时候，可是为什么中国人要过年呢？

问题关注指数：★★★★

小时候，过年是最高兴的日子，因为可以穿新衣服、吃好吃的，还有压岁钱。长大后，过年的喜庆和团圆则是最令人向往的。农历正月初一的春节是我国最隆重、最热闹的传统节日。

一般认为，过年源于殷商时期的祭神祭祖活动。史籍记载，春节在唐虞时叫"载"，夏代叫"岁"，商代叫"祀"，周代才叫"年"。"年"的本义指谷物生长周期，含有庆丰收的寓意。有人认为，春节源于原始社会末期的"腊祭"，人们祭祀神鬼与祖先，祈求新的一年风调雨顺。民间同样有不少关于过年的传说。如，"年"是一种怪兽，常在岁末猎食人和牲畜。后来，人们发现"年"怕红色、火光和响声。于是在门口挂上红色的桃木板，通宵不睡，烧着火堆，燃放爆竹。"年"见到红色和火光，听见震天的响声，吓得跑回深山，再也不敢出来了。还有的传说中，怪兽叫"夕"，"年"则是驱除夕兽的神。

"过个大年，忙乱半年。"过年包括许多内容，年前要举行祭灶、祭祖等仪式，还要写对联、准备年夜饭等。除夕守岁的习俗，既有对逝去岁月的惜别之情，又有对新年寄以美好希望之意。"回家过年"体现着中国人浓浓的亲情以及美好的祝福。

北宋的王安石曾写过一首名为《元日》的诗，描写新年的热闹景象：

爆竹声中一岁除，春风送暖入屠苏。

千门万户瞳瞳日，总把新桃换旧符。

文字是怎么创造出来的？

广州市海珠区新民六街小学四年级（3）班的陈宝安同学问：

我们每天学许多生字，这些文字是怎么创造出来的？

问题关注指数：★★★★★

从上学开始，我们就每天都在写字。遇到一些笔画很复杂的生字，不少同学就会说："为什么会有这么复杂的字呢？"那么，文字是怎么产生的呢？

很久很久以前，有位老者长着四只炯炯有神的大眼睛，他可以画出许多代表不同意义的图形符号。一天晚上，他聚精会神地工作到深夜，忽然天崩地裂般一声轰隆巨响，天空哗啦啦地下起大雨，但落下的不是水滴，却是一颗颗的小米，四面八方满是天地鬼神的哭号之声。这则传说描述的就是文字创立时惊天动地的奇景。这位老者就是传说中黄帝的史官仓颉（jié），后世尊其为"文字神"。

仓颉造字的传说虽然很动人，但并不可靠。文字是在长期的社会实践中逐渐产生和完善的。早期人类用口头语言传播信息，但发现它有明显的缺点。后来又用图画帮助记事，逐渐演变成象形文字。象形文字就是最原始的文字。世界上最古老的文字系统包括汉字、古埃及的圣书字和苏美尔人的楔形文字。科学家在宁夏发现的距今1.3万年的岩画文字可能是我国最古老的文字。虽然汉字的确切年龄仍然是个谜，但它却是世界上沿用至今的最高寿的文字。

知识播台

我们经常看到一个汉字有不同的书写方式，这是为什么呢？

汉字的形态经历了长期演化。甲骨文之后，历经金文、大篆小篆、隶书、草书、楷书和行书等。新中国成立后推行了简化汉字，在港台等地仍使用繁体字。而且，汉字印刷体的形式也有差异，还有各种艺术体。这样，同一个汉字就有了很多不同的形态。

为什么会有十二生肖呢？
为什么十二生肖中没有猫？

湖北省枝江市姚家港小学欧阳恒同学问：

为什么十二生肖是这些动物，其中却没有我喜爱的猫呢？

问题关注指数：★★★★

十二生肖的产生可追溯到春秋时期，分别是子鼠、丑牛、寅虎、卯兔、辰龙、巳蛇、午马、未羊、申猴、酉鸡、戌狗、亥猪。

为什么选择这十二种动物并如此排序呢？主要是由这些动物的活动特性确定的。我国用十二地支记录一天的十二个时辰，每个时辰相当于两个小时。夜晚十一时到凌晨一时是子时，此时老鼠出洞最活跃，所以第一属相为"子鼠"。凌晨一时到三时是丑时，牛正在反复咀嚼吃下的食物，因此第二属相称为"丑牛"。依此类推，三时到五时是寅时，此时老虎到处游荡觅食，最为凶猛。五时到七时为卯时，这时月亮还挂在天上，玉兔是月亮的代称。上午七时到九时为辰时，正是神龙行雨的好时光。九时到十一时为巳时，蛇开始活跃起来。上午十一时到下午一时，阳气正盛为午时，正是天马行空的时候。下午一时到三时是未时，羊此时吃草会长得更壮。下午三时到五时为申时，这时猴子最喜欢啼叫。五时到七时为酉时，夜幕降临，鸡开始归窝。晚上七时到九时为戌时，狗尽职尽责守夜忙。晚上九时到十一时为亥时，此时万籁俱寂，猪正酣睡。

十二生肖产生的时候，家猫还没有在我国落户。那时候人们所见到的猫是体型较大、性情凶猛、不易驯养的野猫。因此，十二生肖中没有猫的位置。

家猫最早是谁驯化的？

家猫最早的祖先可能是非洲的野猫。大约在四五千年前，古埃及人驯养了它们。

父母为什么要让孩子上辅导班？

福建省福州市鼓楼第二中心小学齐佩锟同学问：

父母为什么周末要让孩子上好多辅导班，而不让他们玩？

问题关注指数：★★★★★

看看周围的同学，周末一个辅导班都不上的确实不多。不过，同学们上辅导班的原因并不相同。晓芸的爸爸妈妈周末经常加班，晓芸一个人在家，妈妈担心她自己在家会整天看电视，所以，给她报了辅导班。上辅导班时，既有老师照看着，又可以学些知识，还能和同学一起玩。亮泽每个周末要上作文、奥数和英语三个班，是因为他妈妈认为必须参加课外辅导班才能取得好成绩，才可能在竞赛中获奖，将来才能转入好学校。小姚报了绘画班和钢琴班，妈妈希望她将来具备一定的艺术素养。

可以看出，父母们让孩子上辅导班一般有以下几方面原因：一是望子成龙心切，为了提高孩子的学习成绩，主要是语文、数学、英语；二是为了培养孩子的艺术兴趣和特长，包括音乐、美术、体育运动、棋类等，以适应未来社会发展；三是为了让孩子和其他同伴一起学习和玩耍；还有些父母是看到其他许多孩子上辅导班，担心自己孩子各方面落后于人，而不得不报。

同学们在理解父母良苦用心的同时，也非常有必要提醒他们：除了学习，我们也需要游戏和娱乐。游戏和娱乐对于孩子们成长的重要性一点都不亚于学习。父母在帮助孩子安排学习内容时，更要给孩子安排适当的游戏和娱乐活动。

如果你觉得父母给你安排的辅导班太多，你已经吃不消了，可以找个适当的机会，和爸爸妈妈谈谈。如果需要的话，调整一下目前的安排，共同商量一个大家都比较满意的时间和内容。

父母为什么不让孩子上网？

湖北省枝江市董市镇姚家港小学网名yaoxiao2008的同学问：

为什么家长不让孩子上网？

问题关注指数：★★★★★

新鲜事物永远对青少年具有强大的吸引力。调查显示，中小学生是互联网用户大军的主流。

上网对中小学生有很多益处。网络资源丰富，可以获取各种知识和信息，利用远程教育还能得到名师名家的指导；通过网络聊天或游戏，能满足中小学生沟通交流、宣泄压力的需求；利用网络发布自己的看法和见解，还可以帮助我们树立自信。

但是，网络是一把双刃剑，它也给使用不当的人带来很多伤害。中小学生的自控力和判断力都不够强，沉迷网络游戏或痴迷网上聊天，会导致学业荒废，危害身体健康。其次，网络内容有好有坏，黄色、暴力、反动的内容也掺杂其中。这些不良信息影响中小学生的人生观、价值观和世界观。第三，中小学生的是非辨别能力和自我保护能力有限，往往很难分辨一些网络犯罪行为。

有些父母非常担忧孩子受到不好的影响，便采取了禁止上网的方式。这种做法虽然有些过分，但是爸爸妈妈却是有一片爱心的。所以，同学们在理解父母的基础上，也要合理安排上网时间，提高自己使用网络的能力，保证网络安全。这样，父母就不会绝对禁止孩子上网了，因为没有一个父母愿意自己的孩子落后于时代。

探索飞船 调查一下班里的所有同学，询问以下几个问题，多少人家里可以上网？多少人父母允许他们上网？他们上网最常做哪三件事情？多少人认为学生应该上网？把调查结果整理成一个小报告。和父母、老师交流一下这个调查结果，也可以把它发布到网上。

为什么哪里有危难哪里就有解放军叔叔？

西安市何家村小学马泽亮同学问：

解放军叔叔是干什么的？

问题关注指数：★★★

国庆阅兵式中威武雄壮的方队、边疆默默守卫的哨兵、地震救灾现场不畏牺牲的救星、国际维和部队中勇敢卓越的军人……这种种身影有一个共同的名字，那就是中国人民解放军。也许你会想，为什么哪里有危难哪里就有解放军？

中国人民解放军是中国共产党领导的人民军队。它诞生于1927年8月1日。土地革命战争时期称中国工农红军，抗日战争时期称八路军和新四军，解放战争时期又改称中国人民解放军。它历经艰难曲折，由小到大，由弱到强，发展壮大，创造了世界战争史上一系列彪炳千古的军事奇迹。中国人民解放军为新中国的解放事业立下不朽功勋，赶走外国侵略者，打败国民党反动派，取得国家独立和民族解放，赢得了全国各族人民的爱戴和拥护。

从诞生之日起，人民解放军就成为国家和民族的保卫者：它是夺取政权、建立新中国的骨干力量，抵御外来侵略、保卫国家安全的主要力量，建设祖国的重要力量，抢险救灾的突击力量，维护世界和平的坚强力量。

正因为人民解放军对国家的稳定、繁荣和发展具有不可替代的重要作用，所以我们才会在很多危难险恶场合看到解放军的身影。这也是大家都非常尊敬解放军的原因。

开心小辞典

中国人民解放军有哪些兵种？

中国人民解放军兵种包括：中国人民解放军陆军、中国人民解放军海军、中国人民解放军空军、中国人民解放军第二炮兵部队、中国人民解放军预备役部队。

写作业时妈妈为什么不让我用橡皮擦？

西安市何家村小学白一艺同学问：

我写作业时，为什么妈妈不让我用橡皮擦？

问题关注指数：★★★★

记得我自己做小学生时，就特别依赖橡皮，写错字总是毫不犹豫拿起橡皮改正错字。可是，老师和父母却总是要求我们尽量少用橡皮，要想好了再写。我当时心里常常很不服气，现在想想，他们的要求还是很有道理的。

因为少使用橡皮，可以帮助我们养成认真书写和细心思考的习惯。如果我们频繁地使用橡皮，慢慢地就形成了"橡皮依赖症"。错了擦，擦了错，既耽误时间、影响学习效率，又容易养成不负责任的习惯，认为反正错了可以擦。另外，过度依赖橡皮，还容易使人变得粗心大意、马马虎虎、注意力不集中、不认真思考。

当然，要养成少用橡皮的习惯并不是一件容易事，需要循序渐进慢慢进行。每次写作业时，要先想好再落笔，尽量避免涂改，渐渐地减少使用橡皮的次数。小孩子思维比较快，且成熟度不高，写错、漏写、跳字是正常的。所以，也不要过度焦虑，不必有心理负担，只要认真思考，稳步下笔，就能减少错误，提高学习效率。也许你会觉得想来想去多慢啊，多耽误时间啊！其实，这是"磨刀不误砍柴工"，短时间看耽误了时间，但好习惯一旦养成，会在今后的学习生活中帮助你大踏步前进。

知识加油站

请在铅笔盒里放一张小卡片，背面写上日期。写作业时每用一次橡皮，就在上面画一道，用"正"字计算一下，看看今天写作业时用了几次橡皮。这样统计一个星期。如果使用橡皮的次数减少了，你就可以贴个笑脸贴片或给自己一个小小的奖励。继续努力，你一定会越做越好！

22世纪是什么样子？

西安市何家村小学闫萌琪同学问：

我很想知道22世纪到底是什么样子的。

问题关注指数：★★★★★

很高兴你在思考关于未来的问题。在各种科幻电影和故事中，我们经常看到人们对未来的种种想象。有的是机器人战胜了人类，有的是人类被外星人统治，有的是人类登上了其他星球，有的是人类变得拥有各种神奇的能力，如会飞、会在水里呼吸……

这些丰富的想象反映出人们对未来的预测。对于尚未到来的世界，人们的想法有巨大差别。有不少人担忧全球性的灾难将会来临，如全球变暖、气候恶化、环境污染更加严重、自然灾害越来越多、大量野生动植物死亡、许多物种灭绝、人类面临大规模饥荒、传染病流行、很多人死于瘟疫、饥荒或暴力……也有许多人相信，通过努力人类能够解决各种问题，生活会越来越好，如交通工具将实现车、船、潜艇、飞机的一体化，科学家将可以复原已灭绝的生物物种，人均寿命达到110岁，语言文字可以同步准确翻译、不同语种的语言交流将不再是问题，武装冲突基本停止，国家将以社区形式存在……

你喜欢的22世纪是什么样子呢？也许在你的心里有一个更神奇的22世纪。无论忧心忡忡，还是信心满满，大家的愿望是一样的，那就是希望能拥有一个美好的未来。不过，过去和现在是未来的基础，只有从现在开始人类更加爱护环境，学会与大自然和谐相处，人类社会才能持续发展，创造美好的明天。

闭上眼睛天马行空地想一想你所认为的22世纪的样子。然后，和好朋友或同学一起讨论一下未来的情景。

家里的东西摆错或丢了
为什么妈妈都说是我弄的呢？

西安市何家村小学惠萌欣同学问：

　　家里东西摆错了或丢了，为什么妈妈都说是我弄的呢？

问题关注指数：★★★★

　　看到这个问题，可以看出你的满心委屈，好像还有一点点气愤。是呀！被人误会的感觉真的很糟糕。为什么妈妈经常产生这样的误解呢？这可能包括你们双方的原因。

　　先来分析一下自身的原因。首先可能是因为你确实曾经犯过这一类错误。例如，你自己有时候会乱放东西，没有养成物归原处的习惯。或者，你拿走家里的东西时没有事先征得父母的同意。其次，发生类似情况时，你没有把误会解释清楚，让父母误解了你。冷静地想一想，妈妈也许并不是每次都这样说的呢，可能是你太气愤了。

　　再分析一下妈妈的原因。父母们往往没意识到孩子的成长，习惯性地不相信孩子的能力，不听孩子的解释，较少顾及孩子的想法。

　　为了消除妈妈的误解，建议你管理好自己的物品，用完东西后放回原位，不给妈妈抓到"小辫子"的机会。妈妈情绪好的时候，和妈妈好好地解释一下，建立信任，消除误解。另外要体谅父母的误解，只有相互体谅，才能和谐相处，毕竟每个人都有犯错的时候。

　　利用空闲时间，整理一下自己的房间和物品吧！给每样东西都找个合适的"家"，自己用起来很方便，房间看起来也很整洁。

命运可以由自己来改变吗?

哈尔滨市花园小学韦婷舒问:

自己的命运可以自己改变吗?

问题关注指数: ★ ★ ★ ★ ★

每个人从出生起,就开始了自己独特的生命旅程。大家来自不同的家庭,有不同的成长经历,将来也会成为各种各样的人。那么,我们能不能改变自己的命运呢?这是一个很好的问题。

你知道海伦·凯勒吗?她很小的时候生了一场大病,从此看不到外面的世界,也听不到任何声音,每天生活在无声的黑暗里。但是,海伦并没有放弃,她接受了现实,努力学习,全力追寻理想,不向命运低头。最终她奇迹般地学会了说话,还以优异的成绩完成了大学学业。她的一生充满着传奇色彩,至今仍感动着无数的人。

海伦·凯勒没有向不幸屈服,反而身残志坚,成就了一段不平凡的命运之旅。此外,还有爱因斯坦,从小被认为"低能",却成了著名的科学家;爱迪生家境贫寒,只上了3个月学,却自学成才成了大发明家;毛泽东虽然是农民家庭出身,但最终成为一代领袖……从这些人身上,我们可以看到他们的坚持、对困难的无畏与奋斗的决心。

此刻,对于"命运可以由自己来改变吗?"这个问题,你是不是心中已有了答案呢?其实,命运就掌握在自己手中。无论条件或遭遇如何,自己的命运都取决于我们的决定以及为此付出的努力。

做一个人生规划

写下自己理想中5年、10年、20年、30年后……直到白发苍苍时的样子:那时,自己将是一个什么样的人?在做什么事?过着怎样的生活?这就是我们为自己人生所定的目标。现在,为了达到最近的一个目标,我们能做什么呢?开始行动吧!

对着流星许愿有用吗？

广州市海珠区新民六街小学姚淳钰同学问：

我想知道对流星许愿真的能实现吗？

问题关注指数：★★★★

影视剧中常有这样的情景：当一颗流星迅速划过天际，主人公对着它许愿，并迅速用绳子或衣角打个结。据说，如果能在流星滑落前完成，心愿就会实现。但这是真的吗？

首先要了解流星是什么。科学家发现，太阳系内，除了太阳、行星及其卫星、小行星和彗星外，还存在着大量尘埃微粒和微小的固体块，它们也绕着太阳运动。当它们接近地球，或地球穿越它们的轨道时，它们有可能以每秒几十千米的速度进入地球大气层。由于与大气分子发生剧烈摩擦而燃烧发光，它们会在天空中划出一条光迹，这种现象就叫流星。

在古代，人们对流星现象不了解而心存敬畏。有人认为，流星会带来灾祸，看到时要祈求平安；有人认为，流星会带来幸运，看到时可以许愿并梦想成真；也有人认为，天上的星星与地上的人对应，流星的陨落意味着人的死亡。从自然科学的角度看，这些说法显然都不可靠。

不过，从心理学的角度看，对某件事情的强烈期待，有可能导致这件事情果真发生。因为人的情感和观念会不自觉地影响着他的行动。许愿会产生一定的心理暗示，当你相信这个美好的愿望并为之努力时，它就可能实现。当然，梦想成真的真正原因在于你的积极态度和努力行动，而不在于流星的帮忙。

流星雨是怎么回事？

流星雨是成群的流星，看起来像是从夜空中的一点迸发，并坠落下来的特殊天象。流星雨通常以辐射点所在天区的星座命名，如狮子座流星雨、猎户座流星雨。

"星期"是怎么来的?
星期日为什么不叫星期七呢?

西安市何家村小学杨思妍问:

我最想知道"星期"是怎么来的?星期日为什么不叫星期七呢?

问题关注指数: ★★★★

星期,又叫周或礼拜,最早是古巴比伦人开始使用的。他们把一个月分为4周,每周有7天,即一个星期。据记载,古巴比伦人建造了七星坛来祭祀星神。七星坛分为7层,每层祭祀一位星神,从上到下分别是日、月、火、水、木、金、土。他们认为,7位星神每周各主管一天,因此,人们就用这位星神来命名这一天。

我国古代也有"七曜(yào)"的说法,指的是日、月和五大行星(金、木、水、火、土)共七个主要星体。后来,人们借用这个说法来表示一周七天的时间单位:星期日为"太阳日",星期一是"月亮日",星期二是"火星日",星期三是"水星日",星期四是"木星日",星期五是"金星日",星期六就是"土星日"。因此被称为"星期"。

清光绪三十一年(公元1905年),有一位名叫袁嘉谷的官员奉命编写统一的教材并规范各种名词术语,"星期"的说法最终在我国确定下来。再后来,为了说起来方便,人们将一周以"星期日、星期一……星期六"依次命名,从而确定了中国统一的星期制。

星期日为什么没有叫星期七呢?事实上,在西方,星期日是基督教耶稣复活的日子。他们把这一天看作最特别、最神圣的日子,并在这一天到教堂做礼拜,因此这一天也被叫作"礼拜日"。

开心小辞典

地球自转一圈为一天;月亮围绕地球转动一圈为一个月;地球绕着太阳公转一圈约为一年。

人能不能进入另一个人的思想？

鹅山路小学侯昀秀问：

为什么一个人不可以进入另一个人的思想？

问题关注指数：★★★★

科幻电影中我们常看到这样的场景：一个人可以通过某些方式，神奇地进入另一个人的思想中，知道他在想什么，甚至影响或改变他的思维和记忆。那么现实生活中，我们为什么不能进入另一个人的思想呢？

大脑通过很多神经纤维连接我们的各个器官，比如眼睛、鼻子、手以及内脏等。这些神经纤维就好像信息的高速公路一样，负责把感受到的信息快捷有效地传递给大脑；同时也把大脑发出的指令传递到身体的各个区域。

那么，其他人能接收到这样的信息吗？不能，因为这一切都是在我们体内以飞快的速度进行的。对于各种信息，我们也有着自己十分复杂的记录方式，就像密码一样，只有大脑和机体能够轻松解读。现在，人们通过测量脑电波，可以大致判断一个睡着的人有没有做梦，至于在做什么梦，那只有做梦者本人才能知道了。还有司法上使用的测谎仪，可以通过测量心跳、呼吸速率、皮肤汗湿程度来判断犯罪嫌疑人有没有撒谎，但也无法知道对方在想什么。

科学技术总是在进步的，相信在将来，在同学们的共同努力下，我们对人类思维的理解一定会不断迈上新台阶。

探索飞船

测谎仪是怎么工作的？

"测谎仪"又叫"多项记录仪"，是一种记录多项生理反应的仪器。"测谎"，其实就是向被测试者提一些问题，有些问题与案情有关，有些无关。同时测量被测量者的心率、血压、生物电等信息。如果被测量者在回答敏感问题时心率、血压、生物电等信息异常，那么他就可能是在撒谎。

爸爸为什么经常打我屁股？

西安市何家村小学宋诗雨问：

我爸爸经常打我屁股，很疼，他凭什么打我？

问题关注指数：★★★★★

很多小朋友可能都曾经被爸爸妈妈打过屁股。这时，你可能很委屈、很难过、也很不甘心。或许你会问："他们凭什么打我？"

事实上，爸爸妈妈的打骂虽然可能出于好的愿望，但绝不是好的方法。

有时候，当我们不小心犯了错，或是做了什么事让爸爸妈妈很生气，他们可能一气之下用了打骂这种简单粗暴的方式。其实，爸爸妈妈并不想打我们，只是他们没有找到适合的方式来告诉我们做错了。也许，在他们小时候，他们的父母也曾用这种方式教育他们。不过，现在我们知道这样做是不恰当的。因此，我们可以告诉爸爸妈妈，建议他们用更好的方式来处理事情。比如，遇到问题先平静心情，坐下来交流一下彼此的看法和感受。互相之间多沟通，多倾听，更容易解决问题。

或许，爸爸妈妈以前并没学过这样的方式，也不清楚他们之前的做法给小朋友们带来了怎样的痛苦与难过。那么，我们能不能给他们当一回小老师？说出我们的感受，同时告诉他们，法律是不允许随便打骂孩子的，希望他们用恰当的方式来教育自己。其实，爸爸妈妈都是十分疼爱我们的。他们盼望我们能发扬优点，改正不足，健康快乐地长大。因此，我们可以真诚地对他们说："爸爸妈妈，今后请不要打我了，有什么事我们一起商量，我一定知错就改！"

知识接龙

小活动：

和爸爸妈妈一起开动脑筋，看看你们一共能够想出多少种应对矛盾冲突的有效办法？大家一起把它们记下来，下次如果碰到这样的情况，就可以按照这种方式来解决啦！

什么是早恋？
早恋为什么不好？

河西小学徐芬问：

早恋是好事吗？

问题关注指数：★★★★★

感情是人类的一种高级心理活动，包括亲情、友情、爱情等，它对每个人都有十分重要的意义。可是父母和老师为什么总是非常严肃地跟大家说不能早恋呢？

恋爱是人生中十分正常的一项情感活动。当生理和心理都成熟的情况下，男女双方相互吸引、喜爱，彼此理解、包容，从而产生爱情，建立家庭。这也是人类得以生存和繁衍的一个基础。而早恋是孩子在生理和心理还没有发育成熟的时候，就过早卷入到恋情之中。

这就好比我们站在一棵没有完全成熟的苹果树前，虽然树上的苹果看上去诱人，但还没有到果子成熟、收获的季节。如果我们违背自然规律，强行将青苹果摘下来吃，那么我们就会发现，吃到的苹果如此酸涩，根本没有预想中的香甜。

而且，由于过早摘下苹果，使它不能正常地成长、成熟，这个苹果就没有机会变成美味苹果。早恋其实就像这个早摘的苹果一样，看上去诱人吃起来糟糕，也让我们错失了很多东西。

朋友之间，包括异性，在一起相互欣赏和喜欢，这是很正常和美好的感觉，是值得珍惜的友谊。让我们一起珍惜此刻的时光，彼此帮助，好好学习，开心成长，未来还有无限美好的可能正等待着我们。

知识擂台

和异性同学交朋友一定要记住的三句话：1.要保护好自己；2.不要影响学业；3.不要给自己的身心带来伤害。

科技发展这么快，是好事还是坏事？

广西柳州市河西小学刘柳问：

科技发展这么快，是好事还是坏事？

问题关注指数：★★★★

近百年来，科学技术迅猛发展，人类登上了月球，可以乘坐航天飞机到太空旅行，可以深入大洋深处潜航，可以探究生命的遗传密码，可以跨越万里进行沟通……

人类还利用科技知识发明了成千上万的东西。发明了汽车，免去了长途跋涉的艰苦；发明了空调，不必再忍受寒冬酷暑；发明了电脑，帮助人脑完成了许多复杂的任务；发明了洗碗机、洗衣机，不用再干麻烦的家务……

但是科技运用中也存在着种种隐患。以核能为例，它是20世纪人类的一项伟大发现，它提供了更多能源，但也带来了极大的威胁。1986年4月26日，在乌克兰的切尔诺贝利，发生了一起核电站爆炸事故。爆炸过后，具有放射性的尘埃随云层飘往众多地区，近60万人暴露在高强度核辐射物质下，一些人因此患上核辐射病和癌症；植物和动物也受到辐射，土地要到很久以后才能重新耕种。

代步的汽车排出有毒的烟尘，随手扔掉的塑料袋可能需要成百上千年才能降解，杀死害虫的农药也在水源和土壤中聚集……这一切正在改变着自然界的平衡，导致气候变暖、冰川和冻土消融、海平面上升。甚至有科学家预言，百年之内人类必须在外太空寻找新家。

科学技术是一把双刃剑，既可以用来为人类造福，也可以毁灭人类。意识到这些，人类才能更合理地利用先进的科学技术，与自然界和谐相处。

开心小辞典

全球气候变暖

过去一个世纪以来，地球平均气温已上升约0.8℃，增温的趋势仍在加快。一些科学家预言，若全球平均气温比20世纪80年代和90年代上升2℃，将有近30%的生物面临灭绝的威胁。

孩子为什么这么依赖父母?

广州市海珠区新民六街小学梁皓臻问:

为什么孩子这么依赖父母,好像永远也长不大?

问题关注指数: ★★★

孩子依赖父母似乎是天生的,这其中蕴藏着成长的奥秘呢!

刚出生的小鹅,会尾随它出生后第一眼看到的移动物体,比如它们的母亲、鸭子,甚至人类,把它当作自己的母亲。科学家将这种现象称作"印刻"。跟随母亲会使小鹅获得食物、得到保护,从而得以生存。

孩子虽然不像小鹅那样对出生后第一眼看到的移动物体产生印刻,但是也会对照顾他的爸爸妈妈产生特殊的依恋,他对大人们微笑、哭泣、发出咿呀声,以此来吸引注意,获得照顾和保护。

当孩子渐渐长大,身体变得强壮,就想离开父母独立行动了,他慢慢学会骑车,学会自己整理房间,开始一个人去学校,与同龄的孩子交往,不希望父母总是告诉他该做什么不该做什么,希望别人能把他当成独立的人来对待。

孩子想要摆脱对父母的依赖,变得更独立,这就是长大的过程。但有些父母担心孩子受到伤害,担心孩子耽误学习时间,担心长大离开他们,因此把孩子紧紧地拴在身边,事事包办代替。长此以往,孩子就可能形成过度依赖父母的不良习惯,这会限制孩子的个性发展,阻碍孩子的成长。

长大,意味着逐渐摆脱对父母的依赖,但这并不意味着减少对父母的爱。相反,真正长大的人,要学会爱父母、尊重父母、站在父母的立场上考虑问题,并为父母分担责任。

联想快车

你在哪些事情上还很依赖父母?哪些事情上非常想独立呢?

为什么小孩子喜欢玩电子游戏?

广州市惠福西路小学温震炎问:

为什么小孩子都喜欢玩电子游戏?

问题关注指数: ★★★★★

很多小孩喜欢电子游戏,不管爸爸妈妈怎么劝阻,就是管不住自己,给一家人带来困扰。那么孩子为什么会上瘾呢?

原因一:电子游戏满足了孩子的好奇心。电子游戏画面设计精美,主人公穿着华丽的服装,拥有神奇的宝贝或超强的能力,令人羡慕;游戏情节精彩刺激,富有悬念,对小孩子有非常大的吸引力。

原因二:电子游戏满足了孩子的成就感。小孩子特别希望得到鼓励,盼望自己获得成功。电子游戏设计了"闯关"和"级别",过关了还能获得"财富"或其他奖励,让玩游戏的人觉得很开心,很兴奋,忍不住要继续玩下去。

原因三:电子游戏满足了孩子的特别体验。在游戏里,可以体验到现实生活中体验不到的东西,可以自己设计城市,建造云霄飞车,操纵机器人,甚至耍刀弄枪。在游戏里,还可以忘掉学习,忘掉考试,忘掉烦恼……

沉迷电子游戏会带来很多不好的影响。游戏里有许多逼真的暴力、杀人场景,小孩子玩得多了会变得冷酷。长时间坐在电脑前,不去运动,身体就不好。不交朋友,心灵也会觉得孤独。

知识加油站

节假日你有哪些特别想做的事情呢?去爬山、溜冰还是打球?跟父母商量一下,为你的课余时间也做一个计划吧!

我想知道爸爸妈妈是爱我还是爱弟弟？

西安市何家村小学线翊翔问：

我想知道爸爸妈妈是爱我还是爱弟弟？

问题关注指数：★★★

弟弟出生后，妈妈时刻照顾着弟弟，帮他穿衣服、喂他喝奶、给他洗澡，还不停地对着他笑，亲吻他，好像一刻也离不开他。这时候，当哥哥姐姐的就会想：妈妈好久没有这样看着我笑了，妈妈是不是只爱弟弟，不爱我了？

一旦有了这样的想法，哥哥姐姐会很失落、很难过。但是爸爸妈妈真的不爱他了吗？当然不是这样。爸爸妈妈同样无私地爱着每一个孩子，但是孩子的年龄不一样，需要并不相同，所以爸爸妈妈表达爱的方式也不一定相同。比如，年龄小的孩子需要学会自己吃饭、穿衣，所以爸爸妈妈要在旁边帮助他们；年龄大的孩子则需要培养责任感，像个大人一样承担起家庭的责任，所以父母有时候就会安排一些家务让他做。

觉得弟弟妹妹分走了爸爸妈妈的爱，是很自然的想法，并不是因为哥哥姐姐不好才会这么想，所以你一定不要自责。有时候，当弟弟妹妹在睡觉，父母比较空闲的时候，哥哥姐姐也可以依偎在父母身边，让他们讲一讲你小时候的故事。你会发现，在你像弟弟妹妹这么大时，爸爸妈妈也是一样地照顾着你！

知识加油站

如果你担心爸爸妈妈不再像以前那样爱你，不妨找个合适的时间跟他们谈一谈，让他们知道你的感受，理解你的情绪。他们一定会向你证明，他们依然很爱你！